세계인을 사로잡은 커피 한 잔의 유혹
영혼의 향기
Coffee

원융희 · 박정리

백산출판사

커피의 향기를 찾아서 •••

"당신의 위(胃) 속에 향기 높은 커피가 들어가면 엄청난 커피의 활약이 시작될 것이다. 그것은 마치 전쟁터에서 대군단의 보병부대가 신속하게 기동하여 전진하는 것과 다를 바 없다. 기억은 다시 살아나고 두뇌의 논리적인 활동은 사색을 더욱 촉진시키며, 전투부대와 같이 정신작용이 전개된다. 위트는 명사수가 쏘는 탄환같이 튀어나오고, 백발백중 사람들을 사로잡으며, 글을 쓰면 명문이 계속 나온다."

이 문장은 파루삭의 「근대 재판론」에 나오는 커피에 대한 이야기로 커피가 사람들에게 미치는 정신작용을 설명한 것이다. 이처럼 커피는 그것이 발견될 당시부터 침체된 영혼을 명랑하게 해주고, 사색을 도와주거나 또는 종교인들에게는 그들의 명상을 더욱 값지게 이끌어 주는 영혼의 길잡이 역할을 해 왔다.

그러나 중세 유럽에서는 커피하우스가 신분과 계급의 차이를 초월하여 사상과 의견을 교환하는 등 여론 형성지로서의 역할을 하고 있다는 이유로 한때 지배자들에 의해 폐쇄를 당하는 수난을 겪기도 하였다.

그러나 오늘날의 커피는 많은 사람들에게 아주 친숙한 일상이 되었다.

"상쾌한 아침, 잠자리에서 일어나 마시는 커피는 얼마나 향기롭습니까? 아침 신문을 펴들고 창가에서 마시는 커피는 우리에게 얼마나 진한 휴식을 줍니까? 이웃과 함께 친구나 연인을 만나 마시는 커피의 정겨움, 휴일 오후 사랑하는 가족과 함

께 모여 마시는 커피 한 잔의 단란함, 그리고 인생에 지쳤을 때 마시는 한 잔의 커피는 우리에게 얼마나 큰 여유와 위안을 주는지요."

이러한 커피의 야누스적인 모습은 아마도 커피가 지닌 맛의 비밀과 깊은 관련이 있으리라.

커피는 그윽한 향기를 마시는 것이며, 그 쓴맛이 좋다. 처음 커피를 마셨을 때의 쓴맛과 떫은 맛은 이내 감미로운 뒷맛으로 바뀌어 입 속에 오래도록 남게 되는데, 그래서 우리는 커피를 즐겨 마시게 되는 것이다.

끝으로, 독자 여러분과 함께 커피 자체가 갖는 무한한 가능성과 커피를 통해 새로운 문화 향기를 느낄 수 있기를 바라는 마음입니다.

2010년 3월 17일 잠실 寓居에서

仁山 원융희 씀

CONTENTS

커피-영혼의 길잡이

coffee

맛있는 커피 탄생과정

커피 메뉴의 세계

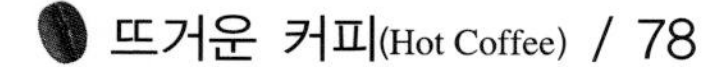

뜨거운 커피(Hot Coffee) / 78

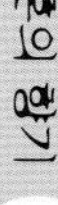

커피, 그 신비의 열매

커피잡학

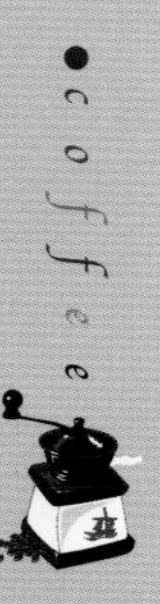

Coffee

커피-영혼의 길잡이

향기가 있는 화랑

세계 각국에 전해지는 그림 가운데 커피를 소재로 한 작품들은 의외로 많다.

장 브로의 '카페에서'

커피하우스를 소개하고 있는 그림 중 가장 오래된 것은 네덜란드 작가 아드리안 반 오스타드의 작품 '네덜란드의 커피하우스' 이다.

영국의 풍자 미술가이자 조각가인 윌리엄 호거스는 커피하우스를 사회풍자화의 배경으로 삼고 있다. 1738년 당시의 런던 풍경을 묘사한 '하루 중 네 번째 시각' 이라는 제목의 이 작품의 세인트 폴 사원 위의 시계가 오전 7시 55분을 가리키고 있는 가운데 오른쪽에 커피하우스 '돔킹' 의 모습을 보여 주고 있다.

프랑스의 화가 프랑소와 브셸작품인 '아침식사' 는 1740년대 플아스이 아침식사에 커피가 일반적인 메뉴였음을 알려준다. 또 18세기 후반의 커피잔 형태를 알 수 있는 회화로서 테크루스가 묘사한 '베르사이유 궁전의 마담 드바류' 가 있다. 마담 드바류는 루이 15세의 정부로 그의 좋은 조언자였다.

독일에는 커피에 관련된 회화가 많은 편이다. 1845년 C. 슈미츠의 작품 '커피테이

블의 파스토르, 라우텐베르크와 그 가족', 1870년 아도르프 멘세르의 작품 '파리 큰 길의 카페', 1881년 P. A. 루피요의 작품 '뮤즈에 응수하는 커피', 휴고 마이츠의 '토요일 오후의 커피 테이블', 존 휘립프의 '커피잔을 들고 있는 노부인' 등이 그것이다. 뉴욕 메트로폴리탄리 박물관 소장의 그림 중에는 존 레온 제롬의 '카이로의 커피하우스' 라는 것이 있다. 왼쪽에 두 명의 남자가 서서 커피를 끓이고, 중간쯤에 있는 한 사람은 춤을 추고 있으며, 뒤쪽에는 수많은 남자들이 서 있다. 이것은 동방 카이로의 커피하우스 내부를 묘사하고 있어 상당한 절찬을 받은 작품이다.

커피가 있는 풍경

커피는 열매로부터 커피씨를 꺼내어 불에 볶아 가루로 만든 다음 달여서 마신다. 약 같으면 모르겠지만 기호음료 중에서 이와 같이 해서 마시는 것은 없다. 더욱이 그 색은 검고 맛은 쓰다. 그런데도 사람들이 커피를 즐겨 마시고 있고, 연간 소비량도 340만 톤을 넘고 있다. 소비량의 제1위는 미국이며 독일, 프랑스, 일본, 이탈리아 순이다.

이탈리아의 카페에서는 가게 안 바에서 서서 마시는 것이 보통이다. 에스프레소를 재빠르게 다 마셔버린다.

생산국으로는 제1위가 브라질, 제2위는 콜롬비아 이하 50여 개국이 있다. 이처럼 커피는 나라마다 자국(自國)의 경제를 떠받치는 중요한 생산품이 되고 있다.

커피전문점에 들어가 메뉴판을 들여다 보면, 보통은 10여 종 이상의 서로 다른 커피 이름과 만나게 된다. 브랜드 커피, 레귤러 커피, 아메리칸 커피, 카푸치노, 카페오레, 아이스 커피 또는 산토스, 블루마운틴, 모카, 콜롬비아 등이 있다. 특히 인스턴트 커피에만 길들이고 원두커피에 익숙하지 않은 사람이라면 그렇게 많은 커피의 종류에 새삼 놀랄 것이다. 또 무엇을 고를까 한참 망설이기도 할 것이다. 하지만, 아무리 다양한 종류의 커피가 메뉴판을 채우고 있더라도 실제 커피의 종류는 크게 두 가지로 나눌 수 있을 뿐이다. 즉 원두의 배합 여부에 따라 단종의 원두로 만든 스트레이트 커피와 두 가지 이상의 원두를 배합하여 만든 브랜드 커피가 그것이다.

파리 오페라 극장 앞에 있는 노포의 카페.
테라스에서 커피를 즐기는 모습은 파리의 풍물이다.

왜 커피는 사랑받고 있는가?

커피의 매력은 말할 것도 없이 높은 향기와 쓴맛에 있다. 같은 기호음료로서 옛날부터 홍차와 차가 있지만, 커피의 맛은 어딘가의 다른 독특한 맛이 느껴진다. 특히 커피 특유의 높은 향기는 사람들을 끌어당긴다.

유수의 커피산출국 콜롬비아에서 인기 있는 음료는 역시 커피로, 가족들의 대화에도 빠질 수 없는 메뉴이다.

선진국일수록 커피소비량이 많은데, 그 이유는 인간은 스트레스가 많아지면 그것을 해소하기 위해 무엇인가 다른 자극을 찾게 되고, 그 해결책으로 커피를 마시게 되기 때문이다. 또 이러한 일이 반복되면서 사람들은 무의식 중에 커피를 찾게 된다. 이 때문에 사회생활이 복잡다양한 국가의 사람일수록 스트레스가 늘어나면서 커피의 소비량도 당연히 증가하게 된다. 1인당 소비량은 핀란드가 가장 많고, 이어서 스웨덴, 덴마크, 노르웨이 등 북유럽 국가가 있다.

각기 다른 맛의 풍미방법

나라마다 커피는 마시는 방법, 풍미방법이 다르다. 이탈리아를 시작으로 유럽에서는 영국을 제외하고 깊게 말린 진한 커피를 좋아하고, 아메리카에서는 엷은 커피를 즐겨 마신다. 우리 나라는 그 중간이라고 할 수 있다.

커피는 그냥 마시는 것이 아니고, 카페나 찻집과 같은 분위기와 함께 음미할수록 맛이 있다. 커피는 문화와 함께 어울리고, 거기에서 그 나라의 독특한 풍습이 생기며, 시대와 함께 변화해 왔다.

세계인을 사로잡은 커피

단맛

커피생두에는 5~10%의 당분이 포함되어 있다. 그 대부분은 자당이고, 그 밖에 포도당, 과당 등이 있다. 생두를 배전하면 이들 당분은 일부가 캐러멜화하고 쓴맛과 향 성분으로 되며, 나머지는 단맛 성분으로 남는다. 또 질 좋은 생두가 알맞게 배전되었을 때 탄닌의 떫은 맛 속에 아주 조금씩 느껴지는 단맛이 있다. 이러한 것들이 커피맛의 미묘한 차이를 부여하는 주역이다. 커피의 단맛은 고온처리에 따라 쓴맛이 강해졌을 때에는 잘 드러나지 않는다.

신맛

커피의 신맛은 생두의 품질, 저장기간, 배전방법, 추출기술에 따라 변하고, 쓴맛과 함께 커피의 맛을 결정짓는 미각 성분이기도 하다. 신맛의 정도는 배전과정과 깊은 관계가 있어, 수용성 산이 최대치를 나타낸 뒤 계속 가열하면 함유량이 점점 떨어진다. 그래서 약하게 볶은 원두에 산이 많이 들어 있는 것이다. 또 추출과정에 따라서도 미묘한 차이가 난다. 산성성분을 들면 휘발성 산으로서 포름산, 아세트산이 있고, 비휘발성 산으로서 락트산, 옥살산, 말산, 숙신산, 타르타르산, 시트르산 등이 있다. 좋은 신맛을 느낄 수 있는 커피는 양질의 생두와 고도의 배전기술에서 탄생한다.

떫은 맛

배전과 추출과정에서 잘못이 있었을 때, 특히 온도조건에 지배받기 쉬운 맛이 떫은 맛이다. 카페인은 뜨거운 물에 잘 녹기 때문에 높은 온도에서 추출되는 반면, 떫은 맛을 내는 탄닌은 뜨거운 물에서는 분해되거나 변질되고 저온에서 잘 녹는다. 그래서 두 번 세 번 가열 후 추출하면 카페인의 양은 현저히 줄어드는 대신 탄닌이 많이 나와 쓴맛과 떫은 맛이 강해진다. 떫은 맛은 이러한 이유에서 변질된 맛이 느껴지는 불쾌한 쓴맛이 나는 경우가 많다. 단, 고품질의 원두와 적절한 추출기술을 통해 얻어진 양질의 탄닌은 단맛이 있고 맛도 아주 좋다.

쓴맛

화학적으로 말하면 카페인 등의 알칼로이드 물질, 클로로겐 등 폴리페놀류, 칼슘, 마그네슘 등의 금속염, 게다가 원두의 당질과 전분의 일부, 섬유 등이 배전온도가 높아짐에 따라 캐러멜화하고, 이들이 물에 녹아 커피 특유의 쓴맛을 구성한다. 신맛이 강한 커피는 쓴맛이 감춰지고 쓴맛이 강한 커피에서는 신맛이 부족되기 쉽다. 그러므로 이 둘의 절묘한 균형이 좋은 커피맛을 만들어낸다. 쓴맛은 배전(연소, 탄화, 배기를 포함)의 적부, 강약, 추출시간과 온도 등에 영향받는 복잡한 맛이다.

향

커피의 향을 결정하는 물질은 원두를 볶을 때 생겨난다. 향기는 수십 종류의 휘발성 방

향물질이 합쳐진 것으로 원두의 종류, 배전기술, 배전과정에서 복잡하게 변화한다. 이들이 추출액에 녹아들어 커피의 독특한 방향(芳香)을 낳는다.

향미

맛을 구성하는 수용성 물질과 향을 이루는 방향성 물질이 서로 조화를 이루어 커피 특유의 맛을 형성한다.

세피아

커피의 색은 화학적으로 배전과정에서 생기는 다갈색의 색소인 멜라노이딘과 각종 탄닌, 캐러멜 성분 등에 따라 결정된다. 일반적으로 세피아는 산화되고 변질될 때 생겨나는 맛을 전혀 포함하지 않은 신선한 커피의 투명한 호박색을 가리킨다.

커피맛을 연출시키는 조건

좋은 커피를 만들기 위해서는 커피원두가 신선해야 하고, 적당하게 갈아져야 하며, 신선하게 뽑아져야 한다. 간(그라운드) 커피는 시간이 오래되면 가스가 빠져 나가 본래의 향(맛)을 잃게 된다. 그라운드 커피는 '자율생명' 이 짧아서 밀봉이 잘되어 있지 않은 상태에서 두게 되면 향기를 잃게 된다. 그러므로 커피는 시원하고 건조한 상태에서 보관하며 한정된 기간 내에 사용하도록 해야 할 것이다.

일반적으로 커피의 맛은 수질과 원두의 배합비 그리고 끓이는 온도와 추출시간 등에 의해서 좌우된다.

물

커피의 99%는 물이다. 그래서 양질의 커피를 만드는 데 있어서 물이 차지하는 비중은 매우 크다. 이때 물은 광물질이 섞인 경수(硬水)보다는 연수(軟水)가 적당하다. 냄새가 나는 물을 사용해서는 절대 안 된다.

온도

섭씨 85~95℃가 최적이다. 100℃가 넘으면 카페인이 변질되어 이상한 쓴맛이 발생되며, 70℃ 이하에서는 탄닌의 떫은 맛이 남게 되기 때문이다. 일단 끓여서 추출된 커피를 잔에 따랐을 때의 적정온도는 80℃이며 설탕과 크림을 넣어 마시기에 최적온도는 65℃ 내외이다.

배합비

레귤러의 경우 10g 내외의 커피를 130~150cc의 물을 사용하여 100cc를 추출하는 것이 적당하다. 3인분이면 400cc의 물에 커피 25g을 넣어 300cc를 추출한다. 인스턴트 커피는 1인분에 커피 1.5~2g 정도가 적당하다.

크림

커피에 크림을 넣는 경우, 액상 또는 분말 어느 경우에도 설탕을 먼저 넣고 저은 다음에 넣는다. 커피의 온도가 85℃ 이하로 떨어진 후에 크림을 넣어야 고온의 커피즙에 함유된 산과 크림의 단백질이 걸쭉한 상태로 응고되는 것(Feathering 현상)을 방지할 수 있기 때문이다.

시간

커피맛과 향의 완벽한 추출을 위해서는 일정한 시간이 필요하다. 맛과 향이 담긴 섬유조직이 팽창되고 와해되어야만 하기 때문이다.

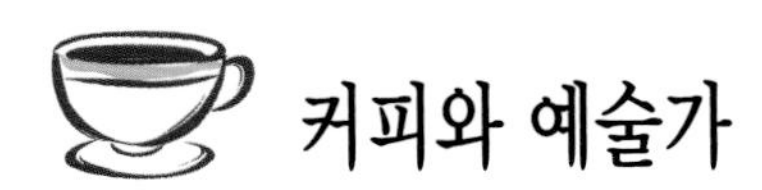

커피와 예술가

서양에서는 옛부터 커피가 위대한 인물들에게 각별히 사랑받아 왔다. 프러시아를 대국으로 끌어올린 프리드리히 대왕은 서민들에게 커피를 금지하면서도 커피를 마셨고, 바하는 '커피 칸타타' 를 작곡했으며, 철학자 칸트는 말년에 커피에 푹 빠졌다. 그리고 황제 나폴레옹 보나파르트는 커피가 없으면 침대에서 일어나지 않았으며 베토벤의 경우 아침식사는 커피 뿐이었다.

'시인에게 영감을, 음악가에게 악상을, 철학자에게 진리를, 그리고 정치가에게 평등을 전하는 커피' 라고 찬미될 만큼 커피는 르네상스 시대의 자유이자 예술의 대상으로 삼아 시로 읊었고 노래로 불렀으며 화폭에 담았다.

> "거품이 가득한 뜨거운
> 커피를 마시고 있는 지성인,
> 그만이 진리를 깨닫는다."
> -16세기 어느 아랍의 詩에서

그리고 1573년 의사이자 식물학자인 독일인 레오할트 라우월프는 동양으로 가는 길에 트리폴리(Tripoli)를 거쳐 바그다드에 오랫동안 머물면서 견문록을 썼는데, 커피에 대한 기록을 빼놓지 않았다.

"이슬람교 국가에서 카베(kahve)라고 하는 맛있는 음료가 있는데, 잉크처럼 검다. 이것은 병이 났을 때 먹으면 효력이 있다. 특히 위병에 잘 듣는다."

이렇게 학자와 식자들 사이에서 커피에 대한 정보가 오고 가자, 호기심이 강한 일부 사람들이 비밀스럽게 커피를 사들이면서 곧 커피를 마시는 일이 유행처럼 번져나갔다.

그런데 이때 커피의 유행을 주춤거리게 하는 사건이 일어났다. 새로운 사상의 물결과 함께 커피가 유행하는 세태에 가장 불만을 품었던 이들은 중세 교회문화의 기득권 계층이었다. 하지만 시대가 이미 달라져 더 이상은 종교적인 교리를 내세워 세상을 다스릴 수 없게 되자, 이들은 로마 교황인 클레멘트 8세(Pope Clement Ⅷ)의 힘을 빌리기로 하였다.

"커피는 사탄의 음료이니 먹지 못하도록 금지하여 주십시오."라고 간청하였던 것이다.

교황 클레멘트 8세는 판결하기에 앞서 커피를 한 번 마셔 보았다. 그런데 교황은 뜻밖에도 오묘하고 향기로운 맛과 향에 감탄하고 말았다.

클레멘트 8세는 "이렇게 맛있는 커피를 이교도의 음료라 하여 터부하기엔 아깝도다. 짐 스스로 이 음료에 세례를 내리노니 오늘부터 기독교도의 음료로 여기라."고 판결내림으로써 커피를 둘러싼 악마 시비를 가라앉혔다.

1605년 이때부터 비로소 일반 기독교인까지도 공공연히 커피를 마실 수 있게 되었고, 그와 더불어 곳곳에 자리잡은 커피하우스가 커피의 수요를 더욱 부추겼다.

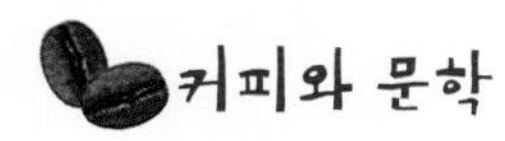

커피와 문학

커피 애호가로서 선두에 있던 사람은 프랑스 작가 발자크가 아닐까 한다. 오노레드 발자크(1799~1850)는 여러 가지 사업에 손을 댔다가 전부 실패하고, 많은 빚을 갚기 위해 경이적인 스피드로 작품을 써 나갔는데 그 원고 중 일부이다.

> "한밤중에 일어나 여섯 자루의 촛불을 켜고 써내려가기 시작한다. 시작이 반.
> 눈이 침침해지고 손이 움직이지 않을 때까지 멈추지 않는다. 4시간에서 6시간 정도가 훌쩍 지나간다. 체력에 한계가 온다. 그러면 의자에서 일어나 커피를 탄다.
> 하지만 실은 이 한 잔도 계속 글쓰기에 박차를 가하기 위함이다. 아침 8시에 간단한 식사.
> 곧 다시 써내려 간다. 점심시간 때까지. 식사. 커피. 1시부터 6시까지 또 쓴다.
> 도중에 커피."

소설가 오노레 드 발자크

발자크는 이 생활을 20년 동안 계속해 74편의 장편과 헤아릴 수 없을 정도로 많은 단편을 썼다.

프랑스의 작가 타레랑은 커피에 관해서 "악마와 같이 검고, 지옥같이 뜨겁고, 천사와 같이 순수하고, 키스처럼 달콤하다"고 노래했다는데, 이외에도 문학에 등장하는 커피는 수없이 많다.

> "너의 눈동자와 계곡을 색각한다.
> 너의 눈동자는 불, 계곡은 주발.
> 달빛이 봉우리를 비춘다. 여기.
> 우리들은 커피잔을 엎는다. 여기.
> 그리고 너의 눈동자와 달이 계곡을 불어닥쳤다.
> 나는 내일 또 너를 만날 것이다.
> 백만년이 지나더라도 너를 만날 것이다."

1918년 미국의 시인 칼. A. 샌드백이 쓴 '계곡의 노래' 다.
그리고 어네스트 헤밍웨이는 1952년 '노인과 바다' 에 다음과 같이 썼다.

어네스트 헤밍웨이는 '노인과 바다', '누구를 위하여 종은 울리나' 등의 작품에서 커피에 대해 언급했다.

"노인은 아프리카의 꿈을 꿨다. 이미 노인의 꿈에는 폭풍우도 여자도 대사건도 나타나지 않는다. 큰 고기도 여자도 전쟁도 힘겨루기도 그리고 죽은 처도 나타나지 않는다. 노인은 커피를 천천히 마신다. 이것이 하루 식량의 전부다. 이것을 마시지 않을 수 없다는 것을 그는 알고 있다."

프랑스 사실주의를 완성시킨 플로베르는 '보봐리 부인' 에서,

"샤를르는 자기도 모르게 웃어버렸다. 하지만 문득 처의 일을 생각하고 우울해졌다. 커피가 생각났다. 그러자 샤를르는 이제 아내의 일 같은 것은 염두에 없었다."

고 썼고, 로렌스 부인의 '자서전' 에서는,

"아침을 먹고 싶었는데 바로 식어버렸다. 아버지는 엄마에게 말했다. '커피만 있으면 식은 거라도 상관없어요' 라고."

또 헨리밀러의 '남회귀선' 에서는,

"체벌은 너무 충격이어서 예수도 인간성에의 관심을 잊어버렸을 것 같다. 상처가 아문 후에 그는 이미 인류의 고난같은 것은 아무래도 좋은 기분이 되어 새로운 한 잔의 커피와 한 장의 토스트가 먹고 싶다고 했을지도 모른다."

라고 썼다.

남북전쟁을 배경으로 한 마가렛 미첼의 '바람과 함께 사라지다' 의 제2부에는,

> "다른 이유야 어쨌든 설탕과 진한 크림이 들어간 진짜 커피를 마실 수 없게 되었다는 사실만으로 그녀는 북군을 증오했다."

'바람과 함께 사라지다' 에서 여주인공 스칼렛은 진짜 커피를 마실 수 없다는 사실 만으로 북군을 증오했다고 한다.

라고 쓰여 있다. 남북전쟁에서는 남군도 북군도 식량이 모자라 병사들은 마른 빵을 커피에 적셔 먹도록 되어 있었기 때문에 커피의 존재는 매우 귀중했다. 야전에서는 더했다. 커피의 부족은 남부에서 특히 심해 민들레랑 치커리의 뿌리까지 마셨다. 남북전쟁이 끝난 후에도 커피가 귀하여 사람들은 늘 '진짜 커피가 먹고 싶다' 고 버릇처럼 말하였다고 한다.

또 어네스트 헤밍웨이의 '누구를 위하여 종은 울리나' 에서는 로버트 조던을 좋아하는 여자가 "당신이 아침에 눈을 뜨면 커피를 가져다 드릴께요."라고 말하고 있고, '앙트완느 브로와' 에서는,

> "그녀와 둘만 남게 되자 남자는 커피잔을 스푼으로 휘저으며 어떤 형태로 욕망을 끄집어낼까 생각했다. 그녀가 말했다. '커피가 식어요' 라고 … 그리고 나서 그녀는 웃었다. 그는 커피를 마시며 얼굴이 붉어지는 것을 느꼈다."

라고 쓰고 있다.

커피와 음악

지금도 그렇지만 독일은 16세기에도 유럽 커피 문화의 리더였다. 커피가 최초로 독일에 들어온 것은 1670년대로, 그 후 함부르크를 시초로 계속해서 커피하우스가 생겨났다. 18세기 후반에는 가정에까지 침입해 부유층과 젊은이들을 매료시켰다. 요한 세바스챤 바하의 칸타타 '조용하게, 요란스럽지 않게' 가 만들어진 것은 바로 이때로 1723년이었다.

아~ 커피, 맛있는 것.
천번의 키스보다 황홀하고
마스카트 술보다 달콤하다.
커피~ 커피~
커피는 멈출수가 없다.
나에게 뭔가를 주고 싶다면
내가 좋아하는 커피를 환영한다.

커피를 예찬하고 있는 이 노래는 리스헨이라는 여자가 노래한 아리아의 가사다. 말하자면 커피 찬가인데, 이것이 '커피 칸타타' 로 불리게 되었다. 이 노래가 작곡된 때, 상업도시 라이프찌히에서는 커피가 대유행이었는데, 식자들은 얼굴을 찌푸렸고 의사들은 '여성이 마시면 불임이 된다', '얼굴색이 검어진다' 고 하며 반대했다. 이 때문에 삼중창으로 부르는 피날레는 동정심없는 매정한 말로 끝맺고 있다.

고양이가 잡은 쥐를 놓치지 않으려 하고
젊은 처녀는 커피를 마시고
어머니도 커피를 좋아해서 마신다.

할머니까지 자주 마시니까
아무도 불평을 하지 않는다.

베토벤(1770~1827)이 '영웅', '운명', '전원' 등의 교향곡을 작곡했던 18세기 말에서 19세기 초의 빈에서는 바하 시대의 커피 멸시는 벌써 과거의 일이 되어, 시내에는 커피하우스가 성시를 이루며 번창해 갔다. 그러나 꾀죄죄한 베토벤은 신식의 유리로 만든 커피 메이커를 사용해 한결같이 집에서 만든 커피를 마셨다. 그의 아침식사는 한 잔에 60알의 원두를 넣어 분쇄한 커피 뿐이었다고 한다.

베토벤의 아침식사는 한 잔에 60알의 원두를 넣어 끓인 커피 뿐이었다.

후배 작곡가 칼 마리아 폰 베버가 베토벤의 집을 방문했을 때의 일이다.

"실내는 온통 난잡했다. 마루에는 악보와 돈, 옷가지들이 흩어져 널려 있고, 더러워진 침대에는 세탁물이 쌓여있을 뿐 아니라 피아노는 뚜껑이 닫힌 채 먼지를 뒤집어 쓰고 있고, 테이블에는 부서진 커피 분쇄기가 놓여 있었다."

이 당시 베토벤은 아침을 어떻게 해결했을지 의문이다. 또 1816년 여름, 그를 방문한 의사 칼 폰 부르스는 다음과 같이 쓰고 있다.

"베토벤은 쓰고 있는 곡 1악장의 오선지 앞에다 커피를 끓이는 유리로 만든 플라스크를 두고 있었다."

위 문장은 마르틴 휴루리맨의 '베토벤 방문' 에 실려있는 것인데, 머리를 쥐어뜯으며 '운명' 과 싸우는 베토벤의 모습을 상상하게 한다.

커피하우스와 예술가

커피하우스는 가난한 예술가들이 모여들어 작업도 하고 토론도 하는 장이었다. 파리의 카페는 북쪽 교외에 있는 몽마르뜨 주변에 발달해 왔는데, 치솟는 집값 때문에 파리 시내에서는 더 이상 살 수 없는 가난한 예술가들이 몽마르뜨로 몰려들었다. 피카소 등이 살던 '세탁선' 이라 불리는 아파트도 이곳에 있다. 생 뱅상의 묘지 옆에 있는 카페 '라팡 아지르' 에는 르노와르, 피카소, 로트렉, 로드리고 등이 매일 모였고, '오드와 마고' 는 사르트르와 보봐르가 항상 들렀던 곳이다. '샤놀', '카페 당브랑', '카페 누벨아테네', '카페 라무르', '카페르보와' 등에는 로트렉, 마네, 드가, 졸라, 모파상 등이 드나들었다.

파리의 카페는 예술가들의 토론장이었다. 화가 로트렉이 살다시피 했던 물랭 루즈

"카페가 붐비는 시기는 왠지 집에 가만히 있지 못하고 좀이 쑤시는 인종, 즉 보헤미안 기질이랄까 아무튼 이러한 기질을 지닌 사람들이 나타나는 시기이다. 세기 말의 파리는 바로 그런 장소였다. 파리의 거리가 급격히 성장하고 세계 각국에서 사람들이 몰려들었다. 카페는 단순히 음료를 마시는 곳 뿐 아니라 그들의 아지트로서 수다를 떨기도 하고, 시를 읊조리기도 하고, 음악을 연주하는 장소가 되기도 하였다."

파리의 카페와 캬바레는 지금도 계급, 신분, 직업 구분없이 사람들로 층층마다 꽉 차있고, 대부분의 가게는 커피 이외의 음식물도 취급하며 문 밖에도 테이블을 설치해 두고 시간을 제한하는 일도 없다. 대혁명 시절 혁명파에 대항한 왕당파의 무리가 모였던 '카페 드 라페' 는 아직도 오페라좌 옆에 있다.

커피하우스의 유럽시대

17세기에 이르러 비로소 기독교도들도 마음놓고 커피를 마실 수 있게 되자, 1625년 이탈리아 로마에 커피하우스가 생겼다.

그리고 영국에서는 1650년경 에인젤이라는 이름의 커피하우스가 옥스포드에서 문을 열었다. 영국에서의 커피하우스는 스미르나(Smyrna; 터키 이즈미르의 옛 이름)에서 커피맛을 보고 돌아온 한 영국 상인과 그에게 커피를 끓여 준 하인 파스카 로제에 의해 알려지게 되었다고 한다.

영국에서 커피 마시는 일이 유행하게 되자, 이 상인은 1652년에 콘힐의 외곽 지대에 있는 세인트 미셸 산책로에 오두막을 하나 세우고, 그 하인으로 하여금 일반인들에게 커피를 팔게 하였던 것이다. 파스카가 커리를 광고하기 위해 만든 첫 전단에는 '이 음료는 결코 해로운 것이 아니며, 무엇보다도 동양의 향기로 가득하다' 는 점이 강조되어 있었다.

그 후 영국 런던에 커피하우스가 속출하였는데, 정부는 이때다 싶어 커피에 무거운 과세를 물려 재원을 확보하였다.

그런데 찰스 2세는 커피하우스에 많은 민중이 모이므로 '커피하우스가 치안 방해의 온상' 이라는 정치적인 이유를 들어 커피하우스를 폐쇄하였다. 하지만 이 국왕의 칙령은 일반 대중의 반대에 부딪쳐 불과 며칠만에 철회되었다.

이렇듯 커피하우스는 남자들의 생식 능력을 잃게 하여 자손이 끊길 위험이 있다고 떠들어대는 여인네들의 불평과, 불행의 씨앗을 판다는 명목으로 커피하우스의 주인들을 윽박지르는 정부의 엄포 아래에서도 끈질기게 살아 남았다.

그리하여 17세기 말 런던에는 무려 2천 개 이상의 커피하우스가 생겼고, 그 중에는 이따금 꽤 특색 있는 커피하우스들도 있었다. 어떤 커피하우스 안에서는 최신의 해외 소식들을 접할 수 있고, 이민 티켓이나 보험증서, 특이한 기업의 주식을 살 수도 있었으며, 때로는 흑인, 이상한 새들 또는 식물의 경매에 입찰을 할 수도 있었다. 또한 변호사, 의사, 아일랜드인, 군인, 노름꾼, 성직자, 그리고 작가들을 만날 수 있는 커피하우스도 있었다.

프랑스의 카페는 그 번창 속도가 영국의 커피하우스에 훨씬 미치지 못하였다. 최초의 카페는 1643년에 파리에서 문을 열었지만, 커피 마시기가 유행하기 시작한 때는 1669년 르방(Levant)의 한 대사가 부임하고 난 뒤부터였다고 한다. 파리 사람들은 그 이전에는 커피가 심한 질병과 무력증의 원인이 될 수 있다는 의사들의 경고 때문에 이를 멀리하고 있었다.

이러한 프랑스에 커피하우스를 보급하는데 공헌한 루이 14세는, 1664년에 처음 커피를 마셔 본 뒤 1670년 경에는 해마다 네덜란드에서 왕실 전용 커피를 수입토록 하였다.

1667년(루이 14세 때) 터키 대사인 솔리만 아가가 프랑스 궁정에서 개최한 의식이 있는데, 이것은 곧 파리에서 큰 화제가 되었다. 이름하여 커피 세러모니이다.

초기 카페의 단골들은 대부분 동방에서 커피에 맛을 들인 여행가들이거나 이국적인 분위기에 끌린 인사들이었다.

파리의 명소 '카페 프로코프'

세기가 바뀔 무렵, '프란체스코 프로코피오 데이 코르텔리' 라는 시실리아인이 술집보다 카페에 더 어울리는 색다른 고객들을 유치하면서 카페는 파리의 진짜 명소가 되었다.

1689년 그는 지금의 랑시엔 생 제르맹 거리에 화려한 사치품들인 상들리에와 대리석 탁자를 비치한 카페 프로코프(Café Procope)를 열었다. 이 카페에서는 커피 이외에 초콜릿, 향료, 과일, 과자, 마라시노, 장미크림, 레모네이드 과일주 등도 팔았다. 또한 실내 난로의 연통에는 최근 신문들을 비치해 두기까지 하였다.

또한 카페 프로코프는 운이 따랐다. 같은 해 이곳에서 조금 떨어진 곳에 코메디 프랑세즈 극장이 문을 열게 된 것이다. 페드라 극이 펼쳐진 첫날 밤부터 프로코프 카페는 배우와 관객들로 가득하였다. 상류층 부인들도 그 카페 앞에 마차를 세우고 하인들을 시켜 따끈한 커피를 사가곤 하였다. 그리하여 프로코프는 일약 일류 문예카페라는 명성을 얻게 되었고, 오늘날까지 300년 이상의 전통을 이어 오면서 파리 시민의 자랑 거리로 남아 있다.

그러자 다른 사업가들도 앞다투어 카페 프로코프를 모방하기 시작하였다. 그리하여 1716년에 이르러 파리에는 무려 600여 개의 카페가 생겨났고, 1788년에는 두 배로 불어났다.

프랑스에 이어 네덜란드에서도 1666년 암스테르담에 커피하우스가 생겨났다. 이로써 커피의 수요도 점차 빠른 속도로 증가하였다.

독일과 오스트리아에는 이보다 조금 늦게 커피하우스가 생겼다. 1683년 오스트리아 빈에 터키인이 경영하는 커피하우스가 문을 열었고, 독일에는 1689년이 되어서야 하나 둘 생기기 시작하였다.

그런데 한때 종교 지도자들로부터 부도덕과 타락의 온상이라는 비난을 받아, 폐쇄되고 커피 거래가 중지되는 등 온갖 수난을 겪기도 했던 커피하우스가 이렇게 번창하게 된 배경은 무엇일까. 도대체 사람들은 커피하우스에서 어떤 바람과 기대가 충족되었길래 그곳을 찾았을까.

그것은 커피하우스가 술집과 달리 진지하고, 살롱과 달리 각계 각층의 사람들이 모여들었기 때문이다. 살롱이 예절이나 취미에 대하여 의견을 나누는 예절 바른 이들의 출입처였다면, 커피하우스는 주로 지식인들이 드나들면서 과학, 정치, 윤리 문제 등을 놓고 논쟁을 벌이던 곳이었다.

당시(1667) 영국 어느 커피하우스가 직접 제작해 배포했던 팸플릿의 내용을 보면 그들의 바람이 무엇이었는지 잘 알 수 있다.

> 재치와 웃음으로 소란한 분위기를 즐기고,
> 그리고 세계 모든 곳의
> 이를테면 네덜란드, 덴마크, 터키, 그리고 아랍지역으로부터의
> 온갖 뉴스가 궁금한 당신,
> 나는 당신을 이 만남의 장소, 커피하우스로 인도하리라.
> 갓 볶은 커피 내음 가득한 이곳으로
> 그리고 이곳의 이야기는 모두 사실일지니,
> 와서 귀담아 듣게나.

또 이런 글도 있었다.

> 너는 거기서
> 유행이 무엇인지,
> 페리 가발이 어떻게 꼬여 있는지를 알게 될 것이고,

그리고 단돈 한 푼으로 이 세상의
모든 소식들을 들을 것이다.
늙은이와 젊은이, 잘난 자들과 이름 없는 자들을,
그리고 부자와 가난한 자들을, 너는 거기서 만날 것이다.
그러므로 모두 나와 함께,
커피하우스로 가자…….

그밖에 1675년에 발행된 어느 팸플릿에는 커피하우스가 왜 인기 있었는지를 알 수 있게 하는 내용이 실려 있다.

첫째, 커피값이 싸서 호주머니가 가벼운 사람도 들어갈 수 있다.
둘째, 술이 없어서 분위기가 진지하다.
셋째, 그래서 커피하우스는 건강의 전당이며,
진지한 마음을 기르고 검소하게 기쁨을 찾고 예절을 배우고
독창적인 재능을 자유롭게 발휘할 수 있는 장소이다.

또 커피하우스가 신분의 높고 낮음에 상관없이, 누구나 드나들 수 있는 사랑방의 분위기라는 것을 감지한 어느 경영자는 자신의 점포 벽에 다음과 같은 내용을 적어 손님을 끌어들였다.

첫째로 신사계급, 상인이라는 차별은 조금도 없습니다. 우리 상점에서는
누구나 환영합니다. 손님들께서는 누구에게도 신경쓰지 말고 편하게 동석하여
주십시오. 좌석 순위 같은 것은 전혀 없으므로 빈 자리가 있으면 사양하지 마십시오.
복장이 그럴 듯한 사람이 오더라도 일어나서 자리를 양보할 필요는 없습니다.

Coffee

맛있는 커피 탄생과정

커피원두의 지식

커피원두라 하면 갈색의 커피원두를 떠올리게 된다. 원래 커피원두는 엷은 녹색을 띠고 있으며, 이러한 것이 최상품이다.

커피원두는 빨간 열매 중에 있는 종자에서 외피를 벗겨 내면 과육이 있고, 그 속에 내과피와 은피에 싸여져 2개의 종자가 마주보며 들어 있다. 이 종자를 탈곡과 건조 등 정제를 한 것이 커피원두이다.

커피원두는 보존의 방식과 시간의 경과에 따라 엷은 황색으로 변화한다.

콜롬비아 스프레모의 원두

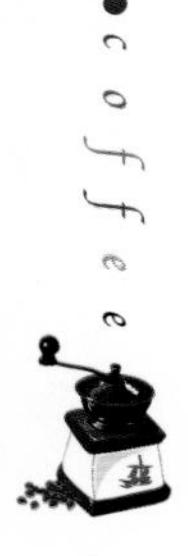

원두의 성질과 맛

보통 커피원두는 2개의 종자가 마주보고 있으나 1개로 되어 있는 것도 있다. 이러한 것은 전체의 약 10% 정도이다. 이것을 환두(둥근원두)라 하고, 통상의 원두는 평두(Flat Beans)라고 한다. 환두는 맛에 큰 손색은 없다. 맛에 큰 영향이 있는 것은 다음 그림에서와 같이 발효원두, 흑원두, 곰팡이 원두, 부서진 원두, 벌레먹은 원두 등이다. 이러한 것을 섞은 채로 함께 말리다 보면 맛이 고르지 못하거나 맛 없는 커피를 만들게 된다.

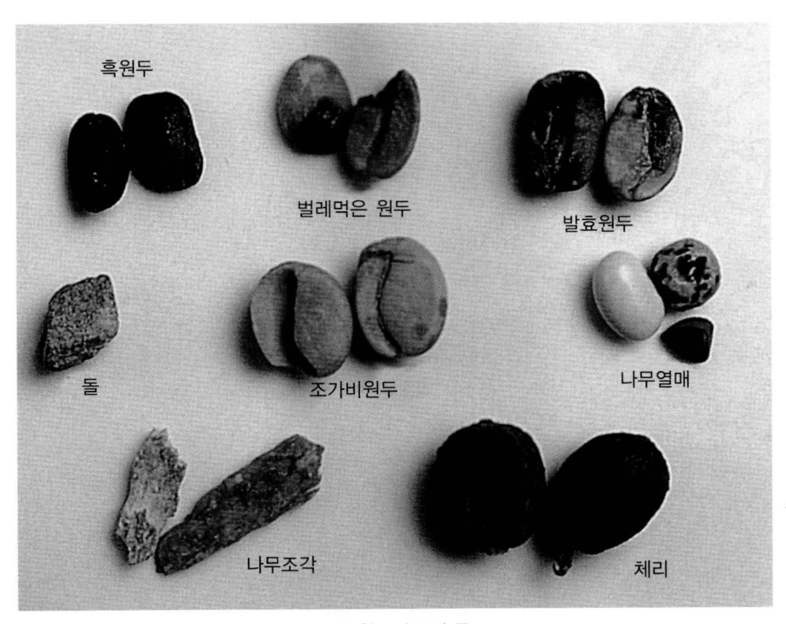

결손원두와 불순물

산지(産地)에 따른 맛의 차이

커피는 그 종류가 다양하다. 콜롬비아로부터 시작해서 산도스, 모카, 만데린, 킬리만자로, 블루마운틴 등 여러 가지가 있다. 일례로 콜롬비아의 맛은 마일드(부드러움), 킬리만자로는 신맛이 특색이다. 그러나 커피원두의 이름은 생산지나 출하 항구명을 본떠 붙여진 것이다.

등급에 의해 세분화하기도 하는데, 일례로 콜롬비아는 스프레모가 최고급품이고 이하는 에쿠레루소, 곤스모 등으로 분류하고 있다.

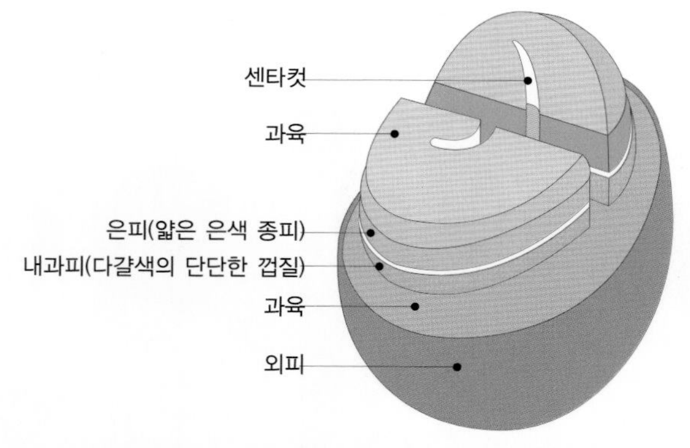

커피의 빨간 열매의 구조는 겹겹이 되어 있고, 그 속에 있는 종자가 커피원두이다. 청색인 마른 녹색을 하고 있다. 이것을 정제해서 출하한다.

커피열매의 단면도

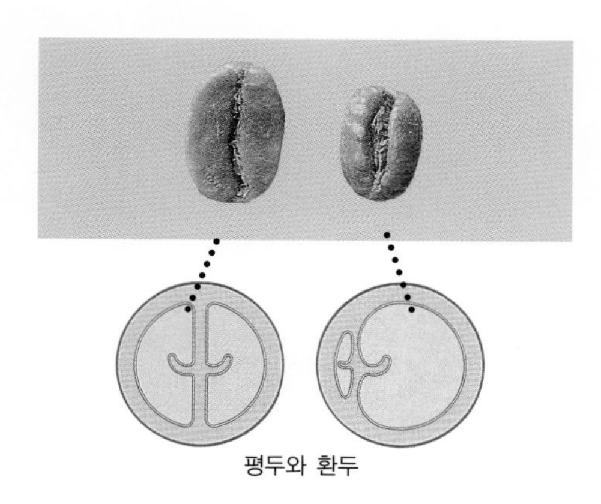

평두와 환두

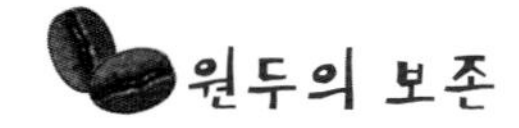

원두의 보존

원두는 온도와 습도가 높은 곳에 보존해 두는 것은 좋지 않다. 말려서 볶은 원두도 마찬가지다. 볶아 놓은 원두가 공기에 한 번 닿을 때마다 풍미와 향기가 담긴 휘발성 기름이 날아가므로 건조한 진공상태를 유지해 주어야 커피의 제맛을 즐길 수 있다.

공기를 밀폐시킨 커피 보관용 캐니스터에 원두를 담아 두면 1주일 이상 풍미가 그대로 유지된다. 캐니스터는 도자기로 된 것이 좋다. 플라스틱으로 된 것은 향과 기름을 흡수하기 때문에 시간이 지나면 나쁜 냄새가 난다. 원두를 담아 파는 알미늄 라미네이팅 봉지 그대로 냉장고에 넣어 두는 경우도 있는데, 이렇게 하면 습기 찬 공기가 원두에 스며든다. 원두를 오래 보관해야 한다면 지퍼팩에 담아 냉동실에 넣어 둔다. 이렇게 하면 3개월 정도는 보관할 수 있으나 그 이상은 두지 않는 것이 좋다. 냉동실 문은 자주 열지 않아야 하며 원두는 냉동된 상태대로 분쇄하면 된다. 분쇄한 커피가루는 빨리 사용하는 것이 중요하다.

가공의 시작은 건조

커피나무에서 딴 열매들을 향기 있는 음료로 만들어 사용하기 위한 첫 가공단계가 건조(Drying)다. 커피열매를 말리는 방법에는 자연건조식과 수세건조식 두 가지가 있다.

과육과 함께 말리는 자연건조

커피나무에 열린 열매를 따지 않고 그대로 두면 열매는 저절로 마른다. 또 어떤 열매는 땅에 떨어져 마르기도 한다. 이런 방식으로 커피열매를 건조시키는 방법이 자연건조(Natural Dry Process)다. 이것은 가장 오래 전부터 사용되어 온 원시적인 방법으로서, 특별한 기술 없이 가지에서 완전히 마른 열매를 따거나 땅에 떨어져 마른 것을 줍기만 하면 된다.

그런데 여기에는 몇 가지 문제점이 뒤따른다. 익은 상태에서 나무에 달려 있는 커피 열매는 뜨거운 햇볕을 받으면 곧 과육이 발효하여 불쾌한 냄새가 나고, 또 땅에 떨어진 열매는 벌레들에 의해 손상되기 때문이다. 그래서 생각해 낸 것이 열매가 어느 정도 익었을 때 수확하여 상태가 좋은 것만 골라 말리는 방법이다.

말리기에 좋은 열매를 고르는 방법은 넓은 물탱크에 열매들을 넣고 흔드는 것이다. 이렇게 하면 마른 열매는 위로 뜨고, 덜익은 열매는 아래로 가라앉는다. 이미 마른 열매는 그렇지 않은 것보다 크기가 더 작고, 색깔이 짙은 갈색이다.

이렇게 고른 열매들은 사람 손이나 기계로 외피와 내피를 떼어내고 햇볕에 20일쯤 말린다.

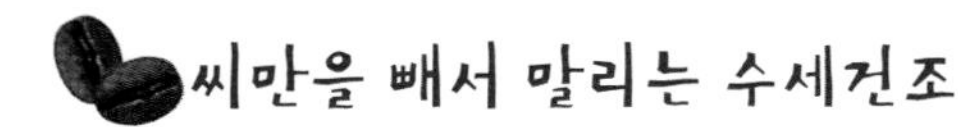

씨만을 빼서 말리는 수세건조

커피씨를 과육과 함께 말리는 자연건조식과 달리, 수세건조식(Wet Dry Process)은 열매를 수확하여 과육 속의 커피씨를 물에 씻어 말리는 방법이다. 먼저, 적당히 익은 열매를 따서 과육을 제거한다. 그런 다음, 이렇게 빼낸 씨를 발효시킨다.

과육을 제거한 커피씨는 0.5~2mm 두께의 점액층에 싸여져 있다. 이 점액은 물에 잘 녹지 않고 씨를 발효시키며, 미리 없애지 않으면 말리는 동

안 씨에 달라붙는다. 한편 점액층에 의한 표피를 부드럽게 만들어 벗겨 내기 쉽도록 한다.

그럼 점액층에 싸인 커피씨는 어떻게 발효시켜야 할까? 여기에는 점액층 자체의 수분을 이용하는 방법과 물 속에 담가 두는 방법 두 가지가 있다.

점액층이 붙어 있는 원두의 발효는 보통 자연적으로 일어나기도 하지만, 특별히 효소를 넣어 주거나 자연발효가 진행되는 동안 물을 첨가하면 더욱 활성화된다. 이렇게 발효시키는 이유는 불필요한 점액층을 없애기 위함이다. 물 속에 담가 두는 발효는 외부 온도와 점액층의 두께, 그리고 점액의 구성성분에 따라 최소 6시간에서 최고 80시간까지 걸린다. 그리고 점액층 자체의 수분이 일으키는 발효는 그 진행시간이 좀더 빠르다.

원두가 발효되는 동안 꼭 해야 할 일은 화학반응이 촉진되도록 자주 저어 주는 것이다. 휘저을수록 원두는 온도가 오르고 산성화되기 때문이다. 그리고 마지막 단계에서는 점액을 완전히 제거하기 위해 반복적으로 씻어 내야 한다.

이렇게 물로 깨끗이 씻어 낸 원두는 말리는 과정이 남아 있다. 보통 50% 정도의 원두의 수분을 약 15% 정도로 낮추는 것이다. 말리는 방법은 그물 선반이나 시멘트 마당에 원두를 펼쳐 놓고 자연건조시키는 방법이고, 다른 하나는 건조기계를 사용하는 방법이다. 건조과정은 커피의 질에 영향을 미치므로 날씨가 허락된다면 최상의 환경에서 건조해야 한다. 그리고 표피가 마르기 전에 원두들을 자주 뒤적여야 한다.

마지막으로, 말리는 작업이 끝나면 원두를 자루에 넣어 껍질 벗기는 창고로 옮긴다.

이와 같은 수세건조법은 과정이 복잡하고 물이 많이 필요한 반면, 질 좋은 원두를 생산할 수 있다. 자연건조식보다 수세건조식으로 가공한 원두를 더 높게 평가하는 이유는 바로 이러한 과정을 통해 원두에서 불필요한 맛과 냄새를 제거하기 때문이다. 일반적으로 콜롬비아를 비롯한 마일드 커피(Mild Coffee)는 수세건조식으로 가공하여 공급하기 때문에 국제 커피시장에서 높은 등급을 받고 있다.

가열하고 볶는 배전

올바로 정제된 커피원두는 변질되지 않고 수년 동안 보존이 가능하다. 하지만 음료로 만들기 위해서는 로스팅(Roasting)이라고 하는 배전과정을 거쳐야 한다. 커피 고유의 향은 바로 이 고온의 볶는 과정을 거친 후에 비로소 나타나게 된다. 즉 커피원두에 220~230℃의 열을 가함으로써 원두의 조직에 물리적 · 화학적 변화를 일으켜 커피의 맛과 향을 만들어 내는 것이다.

배전방법은 커피원두가 들어 있는 금속 실린더 안에 뜨거운 공기를 불어넣거나 가스 전기를 이용한 열원 위에서 커피가 담긴 실린더를 돌리는 두 가지 방법이 있다. 배전과정에서 나타나는 큰 변화는 원두 자체에 함유되어 있는 증기나 이산화탄소, 기타 휘발성 물질이 배출된다는 것이다. 따라서 원두의 무게는 14~23% 정도 감소하지만

원두세포 속의 압력이 높아져 부피는 50% 가량 커지게 된다. 이같은 변화는 200℃ 이상의 고온에서 일어난다. 온도가 높을수록 커피는 진한 갈색이 되며 약하게(200℃ 정도) 볶으면 색깔이 연할 뿐 아니라 향도 거의 나지 않는다. 반면 너무 강하게 볶았을 때에도 향이 없어지게 된다.

한편 원두의 배전은 커피 고유의 맛과 향을 만들어 낼 뿐 아니라 신맛과 쓴맛의 정도를 결정짓기도 한다. 즉 약하게 배전할수록 신맛이 강하고, 강하게 배전하면 그만큼 쓴맛이 나게 된다. 때문에 배전은 커피원두 가공과정에서 가장 중요하며, 심지어 배전에 따라 커피의 종류를 나누기도 한다. 즉 사람마다 진한 커피를 좋아하거나 약하고 신맛의 커피를 즐겨 마시는 등 취향이 다르게 마련인데, 그같은 맛의 결정이 바로 이 단계에서 나오는 것이다.

이러한 취향에 맞추기 위해 원두를 알맞게 조화시키는 것이 배합(Blending)이다. 기본적으로 배합은 각 커피 고유의 특성을 적절하게 조화시킴으로써 커피의 맛과 향을 향상시키는 것이다. 한마디로 쓴맛이 강한 원두에는 신맛의 원두를 가미하고, 반대의 경우에는 쓴맛이 나는 원두를 섞어 보다 나은 커피 맛을 만들어 내는 것이 목적이다.

배합은 배전 전에 하거나 볶아낸 다음 섞기도 하는데, 배합을 먼저 하게 되면 배전과정에서 동일한 맛과 향을 얻을 수 있지만 질의 차이가 큰 정제 원두를 배합할 경우 배전한 커피의 질이 떨어지기도 한다. 반면, 배전 후에 배합하게 되면 배전 강약이 다른 원두를 배합했을 때 맛과 향이 균일하지 못하다는 문제가 있다. 따라서 배합의 기술 역시 커피맛을 결정하는 중요한 요소가 된다.

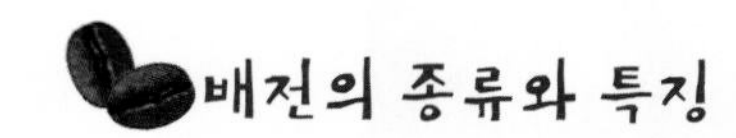

배전의 종류와 특징

배전은 그 정도에 따라 맛이 크게 변해왔다. 배전이 오래지 않은 쪽이 신맛이 강하

고, 오래된 것이 쓴맛이 강하다. 원두의 종류, 특징, 담그는 방법 그 위에 기호에 따라 배전정도는 변해왔다.

배전의 정도는 크게 구분하면 짧은 시간 동안 다리거나 중간, 오래 다리는 3단계로 분류한다. 그러나 현재는 맛의 변화가 생긴 것처럼 다음 그림에서와 같이 8단계로 세분화시키고 있다.

배전의 8단계

구 분	명 칭	볶음	색 깔	비 고	스타일
1	라이트로스트	아주 엷게 볶음	황갈색	마셨을 때 향기가 부족	아메리칸 커피
2	시너먼로스트	엷게 볶음	시너먼색		
3	미디엄로스트	보통 볶음	밤색	일본 표준 볶음도	일본의 전형적인 스타일
4	하이로스트	미디엄로스트보다 좀더 볶음	진밤색		
5	시티로스트	중간 볶음	진밤색		
6	풀시티로스트	좀 강하게 볶음	흑자색	냉커피 적당	
7	프렌치로스트	강하게 볶음	진흑자색	지방이 표면에 스며나옴	유럽 스타일의 커피
8	이탈리안로스트	원두가 탄화할 정도로 볶음	까만색에 가까움	커피 특유의 향이 거의 없음. 테스프레스용	

손으로 볶는 방법

로스트라고 하면 큰 로스트가 있어야 하기 때문에 비전문가는 할 수 없다고 생각하게 된다. 그러나 배전은 그림에서와 같이 가정에서도 간단한 도구를 이용하여 사용할 수가 있다. 배전방법은 원두를 채에 넣고 불에서 약간 떨어져 천천히 로스팅하면 된다. 처음에는 맛있게 로스트하기가 어려우나 반복해서 로스팅하거나 자신의 기호에 따라 가감을 해 나가면 개성 있는 커피를 만들 수 있다.

1 손잡이 달린 로스트는 커피기구 판매점에서 구입할 수 있다.

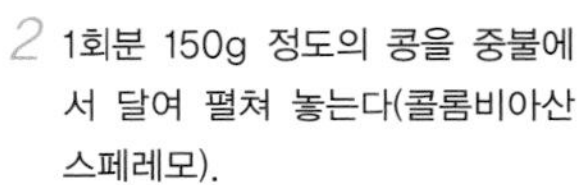

2 1회분 150g 정도의 콩을 중불에서 달여 펼쳐 놓는다(콜롬비아산 스페레모).

3 덮개를 단단히 덮고, 중불로 달인다. 불에서 13cm 정도 떨어져 눌지 않도록 상 · 하로 돌려가며 달인다.

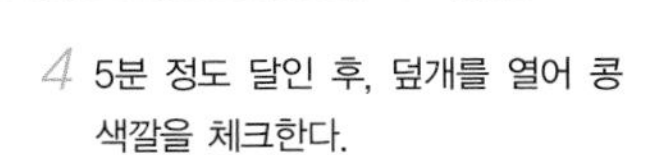

4 5분 정도 달인 후, 덮개를 열어 콩 색깔을 체크한다.

5 10분 정도 지나면 톡톡 하는 소리가 나기 시작한다. 이때 냄비를 불에서 조금 뗀다. 13분 정도에서 미디엄로스트로 만든다.

6 용기에 쏟으면서, 부채와 건조기로 재빠르게 식힌다. 배전을 하고 나면 콩은 조금 가벼워져 140g 정도가 된다.

볶는 과정을 통해 커피의 맛과 색 결정

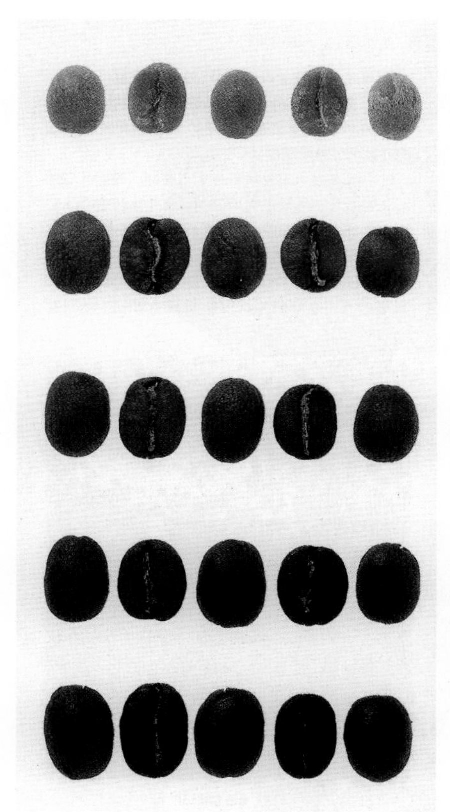

커피를 볶으면 수분증발로 무게는 감소하고 내부의 가스가 팽창하면서 부피는 증가한다. 맨 위부터 원두, 라이트 로스트, 미디엄 로스트, 다크 로스트, 에스프레소 로스트로 배전한 원두

라이트 로스트(Light Roast)

시나몬 로스트 또는 하프시티 로스트로 알려져 있다. 볶아 놓은 원두의 색은 엷은 붉은 기 나는 갈색이며 커피를 끓이면 가벼운 맛이 나고 배합하기 좋다. 커피를 캔으로 포장하여 수출할 때 이 방법을 쓰며 대부분의 진짜 커피 애호가들은 이 방법으로서는 커피에서 충분한 풍미를 추출하지 못한다고 말한다. 질 좋은 커피를 이 방법으로 볶는 것은 현명하지 못하다.

미디엄 로스트(Medium Roast)

시티, 아메리칸, 레귤러, 아침식사용 로스트라 불린다. 라이트 로스트보다는 진하지만 갈색에 가깝다. 이 방법은 강하게 볶았을 때 날아가버릴 우려가 있는 미묘한 풍미까지 살려준다는 장점을 가진다. 아침식사용 또는 우유와 설탕을 넣어 마시는 일반적인 커피에 좋다. 미디엄 로스트는 다목적이며 미국 사람들이 특히 좋아해, 미국의 커피 상점에서 파는 커피는 대부분 미디엄 로스트로 볶아져 있다.

다크 로스트(Dark Roast)

풀 시티, 하이, 비엔나 로스트라 불린다. 원두에서 나온 기름이 막 표면을 가열하기 시작했을 때의 콩이다. 색은 짙은 황갈색이며 기름 때문에 약간 광택이 난다. 신맛과 쓴맛이 완벽한 조화를 이루는 커피에 적합한 볶음이며 농도가 진하고 색이 깊고 풍부한 풍미를 가진 커피를 만든다. 이것은 에스프레소나 에스프레소 음료를 만드는 데 쓰인다. 다크 로스트는 원두의 가장 좋은 상태를 끌어낼 수는 있지만 미디엄 로스트처럼 맛의 섬세한 부분까지 살려주지는 못한다. 다크 로스트보다 약간 더 볶은 것을 프렌치 로스트라 따로 부르기도 한다.

에스프레소 로스트(Espresso Roast)

이탈리안 로스트로 알려졌으며 매우 쓰고 크림처럼 걸죽한 커피를 만드는 볶음이다. 콩의 다양성이 배전과정에 의해 약화되므로 볶은 후 원두의 형체나 맛을 전문가조차 감별하기 어렵다. 그래서 때때로 질이 낮은 콩을 에스프레소 로스트에 쓰기도 한다.

개성을 연출시키는 배합

커피원두는 품종과 배전 정도에 따라 서로 다른 맛과 향의 특성을 나타내기 때문에, 커피의 특성과 소비자의 취향에 맞도록 원두를 알맞게 조화시키는 배합의 과정을 거쳐야 한다. 배합(Blending)은 기본적으로 서로 다른 향미성분들 사이에 균형을 이루어 커피의 질을 향상시키고, 그 질을 변함없이 지속하기 위한 목적으로 행해진다.

커피는 쓴맛과 신맛이 조화된 부드럽고 감칠맛이 풍부한 것이 좋다고 일반사람들은 평한다. 그러나 원래 커피는 품종마다 서로 다른 맛의 개성을 가지고 있으므로 종합적인 맛을 즐길 수가 없다. 그래서 어떤 맛이 부족한 원두와 그 맛을 보충해 줄 수 있는 원두를 섞는 배합공정을 거친다. 이를테면 쓴맛이 강한 원두에는 신맛의 원두를, 신맛이 강한 원두에는 쓴맛의 원두를 섞어 균형잡힌 맛을 창출해 내는 것이다. 일반적으로 중성의 원두를 기초로 해서 신맛이나 쓴맛이 있는 원두를 섞어 향기 좋고 감칠맛 나는 커피를 만들어 낸다.

원두를 배합하는 일은 배전 전후에 이루어진다. 배전하기 전에 배합하면 동질의 맛과 향을 얻는 유리한 점이 있어 결과적으로 배전된 원두의 질이 균일해진다. 물론 자체의 질이 너무 다른 원두를 배합하여 배전하면 결과 역시 균일해지기 어렵다. 한편 각 원두를 따로따로 배전한 뒤에 배합하면 이런 문제는 발생하지 않는 반면, 각각의 배전 조건이 달랐을 때 배전두의 맛과 향의 균일성이 떨어진다.

최근에는 배합에 대한 관심이 높아져 배합의 좋고 나쁨으로 제품을 측정하기에 이르렀다. 일반적으로 3~4종류, 많아도 5종류의 배합이 좋고, 너무 많으면 역효과가 발생한다.

배합의 순서

- 각 종류를 스트레이트로 마심
- 2종류의 배합
- 3종류의 배합
- 특징 있는 품종을 보탬

2종류의 Blend

50%	50%
Colombia	Mocha
Colombia	Brazill
Brazill	Mocha

60%	40%
Colombia	Mocha
Colombia	Brazill
Brazill	Mocha
Brazill	Colombia

3종류의 Blend

구 분	Brazill	Colombia	Mocha	Lobusta	맛의 특징
1	50%	25%	25%		신맛, 단맛이 약간 흐리나 밸런스 좋음
2	40%	30%	30%		밸런스가 잡힌 것
3	40%	25%	25%	+(d) 10%	약간 쓴맛이 섞임
4	40%	20%	20%	+(d) 10%	쓴맛이 강함
5	30%	50%	20%		약간 단맛이 강함. 밸런스 좋음
6	30%	40%	30%		밸런스가 좋은 맛
7	25%	40%	25%	10%	약간 쓴맛이 섞임
8	20%	30%	50%		신맛이 강한 커피

추출 전의 과정 - 분쇄

분쇄란 원두를 커피액으로 추출하기 쉬운 상태가 되도록 갈아 내는 것이다. 이 공정은 원두 표면에 뜨거운(약 95℃) 물이 닿아 추출될 표면적을 넓히기 위한 작업이다.

분쇄한 커피의 형태는 고운 가루에서 지름 1mm 크기의 입자형에 이르기까지 서로 다른 입자들의 일정한 비율로 구성되어야 한다. 분쇄한 커피가루가 지나치게 미세하면 물의 흐름을 방해하여 좋지 않다. 왜냐하면 입자 사이에 넉넉한 공간이 있어야 뜨거운 물이 스치면서 녹인 코로이드 성분이 흘러나올 수 있기 때문이다.

커피의 분쇄정도는 추출속도에 관계한다. 곱게 분쇄할수록 뜨거운 물과 닿는 접촉면적이 넓기 때문에 맛이 빨리 우러나오고, 굵을수록 시간이 걸린다.

또한 커피가루의 크기는 추출커피의 농도를 좌우한다. 추출된 커피가 진하면 중간 크기의 가루와 굵게 분쇄한 가루를 알맞게 배합하여 농도를 조절한다.

커피의 농도는 이밖에도 커피가루의 양으로 조절하기도 한다. 즉 커피가루의 배합량이 많으면 그만큼 진해진다. 그러므로 알맞은 농도의 커피를 추출하고자 하면, 분쇄 정도와 함께 가루의 분량을 적당히 조절해야 한다.

커피가루의 분쇄 정도는 어떤 추출기를 사용하느냐에 따라 달라진다. 추출기구가 드리퍼냐 사이폰이냐 아니면 보일식이냐에 따라 사용하는 커피가루의 크기가 달라지는 것이다. 예를 들어, 드리퍼에는 중간 굵기의 커피가루가 알맞다. 너무 미세한 커피가루를 쓰면 추출커피에 미립자가 섞이고, 반대로 굵은 가루를 쓰면 추출시간이 짧아 유효성분을 제대로 뽑아 낼 수 없다.

분쇄한 커피가루는 배전원두보다 더 빨리 향미가 변하기 쉽다.

커피열매를 수확하여 얻은 원두는 우리가 직접 커피를 마시기까지 거치는 하나하나의 가공과정 속에서 원두 본래의 향미가 파괴되기 쉬운 상태로 된다. 생두 자체로만 두면 향미가 조금밖에 변하지 않고 수년을 유지할 수 있다. 그러나 배전두는 공기에 닿은 지 1주일 후, 분쇄한 커피가루는 1시간 후, 그리고 끓인 커피는 단 몇 분이 지나면 그 향미를 잃기 시작한다.

예로부터 아리비아인들은 이러한 문제를 해결하기 위해 배전하고 분쇄하고 추출하는 과정을 모두 한자리에서 30분 이내에 이루어지도록 하였다.

지금까지 전해져 온 방법 중에서 가장 쉽고도 효과적인 방법은 추출하여 마시기 직전에 배전두를 분쇄하는 것이다. 분쇄기는 값도 비싸지 않으며, 전기기구도 개발되어 있어 커피질을 높이기 위해서는 가정에서도 이를 이용하는 것이 좋다. 어떤 사람들은 배전두를 냉장고에 넣어 두고 원하는 만큼씩 꺼내 쓰기도 한다. 그런데 이 방법은 풍미와 향을 손실시킬 염려가 있으므로 굳이 얼려 둘 필요는 없다.

끓이는 방법에 따른 커피입자 크기의 차이

원두를 갈기 전에 염두에 두어야 할 것은 커피 끓이는 방법에 따라 분쇄 정도를 다르게 해야 한다는 점이다. 즉 입자의 굵기가 달라야 한다. 커피를 잘 끓이는 전문가들은 종종 이런 규칙을 무시하기도 하지만 추출방법에 따른 분쇄정도를 알아두는 것은 커피의 제맛을 즐기는 데 도움이 된다.

원두를 곱게 분쇄할수록 물과 접촉하는 부분이 많아지므로 쉽게 커피의 풍미가 우러나오지만 쓴맛이나 떫은 맛이 강해질 수 있다.

굵게 간 커피로 비슷한 맛을 내기 위해서는 커피의 양을 늘이거나 시간을 더 들여야 한다. 입자가 굵은 커피는 여과천을 이용한 드립식, 그리고 물이 솟아올라 커피 사이를 통과해 떨어지는 퍼콜레이터식에 알맞다.

중간 굵기는 곡식가루 정도로 분쇄하는 것을 말하며, 가장 널리 쓰이고 어떤 추출법에도 이용할 수 있는 굵기이다. 전기 커피 메이커, 종이 필터를 이용한 드립식, 프레스 포트식에 주로 쓰인다. 그보다 조금 가는 것은 사이폰식과 에스프레소식에 알맞다. 가장 곱게 분쇄한 가루는 거의 분과 같은 크기의 입자인데, 터키식 커피에 쓰인다.

굵은 입자 중간 입자

가는 입자 아주 가는 입자

곱게 분쇄된 커피는 짙은 풍미를 추출할 수 있다는 장점이 있는 반면, 커피를 끓였을 때 커피가루가 컵 안에 진흙처럼 남아 있을 수 있는 단점이 있다. 분쇄된 커피를 사려면 진공포장된 것을 선택하고 되도록 작게 포장된 것을 고르는 것이 좋다. 그리고 보관은 시원한 곳에 한다. 먹고 남은 커피는 가능한 한 완전히 밀봉한 다음 냉장고에 보관하면 향의 손실도 줄이고 신선도도 오래 유지할 수 있다.

커피밀의 사용방법

커피원두를 맛있게 분쇄하려면 좋은 밀을 선택해야 한다. 이 밀의 종류는 열매가 다채로운 것과 같이 가정용의 작은 것부터 업무용의 전동식의 대형 밀까지 다양하다. 다음에 나오는 그림과 같이 가정용의 대부분은 핸들을 돌리면서 분쇄하는 수동식, 전동식은 글라운딩 형태 등의 업무용이 많다. 최근에는 가정용으로도 전동식의 밀이 생산되고 있다.

밀은 구조적으로 볼 때 글라운딩 밀과 커팅 밀로 분류한다. 글라운딩 밀은 어금니로 커피원두를 깨뜨려 가는 방식이고, 커팅 밀은 날카로운 칼로 커피원두를 커트(cut)한 후 분쇄해 가는 방식이다.

영업용/커피 글라운딩

가정용의 수동 밀. 실내장식으로서의 효과도 크다. 사용할 때는 가볍게 돌릴 수 있을 정도로 마찰열이 생기도록 한다.

가정용의 전동 밀. 전동은 마찰열이 생기기 쉽기 때문에 커팅식 방법이 콩의 질을 떨어뜨리지 않는다.

마실 수 있는 커피 - 추출

커피의 추출원리는 커피가루의 조직에 물을 침투시켜 그 조직 속에 함유된 가용성분 중 카페인(Caffein)과 탄닌(Tannin)을 적당하게 뽑아 내는 이치이다.

우선 맛이 좋은 성분을 뽑아 낼 때에는 따뜻한 물에 담그는 작업이 필요하다. 커피가 그 나라의 생활문화에 따라 마시는 방법이 다른 것과 같이 커피를 추출하는 방법도 나라마다 다양하다. 대표적으로 터키의 이브리크식, 이탈리아의 에스프레소식, 네덜란드의 찬물추출식 등 담그는 방법의 차이로 인하여 맛의 특징이 다르고 즐거움도 확대되어 가고 있다.

여과천을 이용한 드립식

부드럽고 두꺼운 천으로 된 포목에서 커피의 추출액을 여과하는 방식으로 드립식의 일종이다. 단순한 도구로 양손을 사용해서 손수 만드는 맛이 일품이다. 커피의 맛을 조절하기가 손쉬운 방법으로 활용되고 있다.

여과의 순서를 설명하면 다음과 같다.

1 커피의 유지분이 산화되지 않도록 사용한 여과천은 말리지 않고 물에 담가 보존한다.

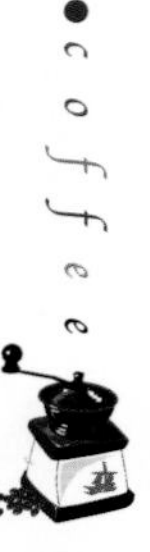

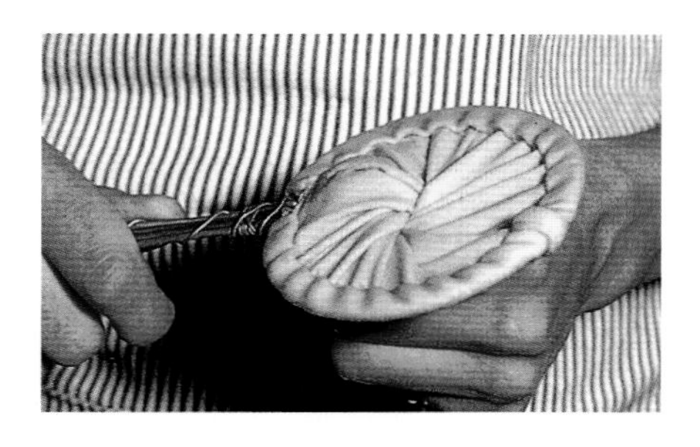

2 사용 전에 여과천을 쥐어짜서(비틀어) 물기를 뺀다. 가정에서는 이 상태로 비닐자루에 넣어 냉동 보관하면 편리하다.

3 쥐어짠(물기를 뺀) 여과천은 다시 마른 행주로 눌러 물기를 뺀다. 물기가 많으면 커피가 싱겁다.

4 원두는 거칠게 켠다. 60g(15g×4인분)을 넣어서 평평하게 천의 가루량이 잘 통과하게 한다.

5 커피를 충분하게 뜸들이기 위해 따뜻한 물을 한 방울씩 떨어뜨린다. 이 때 가운데로 천에 직접 부딪치지 않게 한다.

6 천의 밑으로 커피의 엑기스가 나올 때까지 물방울을 계속 떨어뜨린다. 주둥이가 뾰족한 포트(항아리, 보온병)가 적합하다.

7 여과천의 밑으로 가장 진한 한방울이 나오면 추출 준비가 완료된 것이다. 이 이후는 실처럼 가늘게 연속적으로 뜨거운 물을 붓는다.

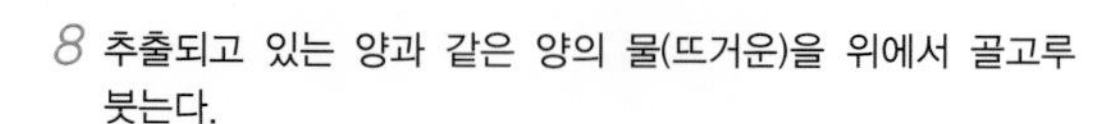

8 추출되고 있는 양과 같은 양의 물(뜨거운)을 위에서 골고루 붓는다.

9 가루가 부풀어 오르면(불룩해지면), 천의 중심부터 밖을 향해 따뜻한 물을 붓는다.

10 성급하게 물의 양을 늘여 실패하지 말고 천천히 같은 페이스(pace)로 계속한다.

11 마지막으로 추출한 양은 1인분에 150g을 기준으로 하였을 때 100cc가 되도록 한다.

여과지를 이용한 드립식

원래 필터는 유럽에서 생겨난 것으로, 종래의 여과천을 이용한 드립식을 좀더 간편하게 할 수 없을까 하는 차원에서 고안된 것이다.

종이필터는 한 번 사용하고 버리는 것이기 때문에 사용하기가 편리하고 위생적이다. 필터와 드리퍼의 크기는 여러 가지의 규격이 있고, 종이드립에 사용되는 기구는 드리퍼, 서버(1인분이면 직접 커피잔도 가능), 종이필터, 포트가 필요하다.

1 종이필터의 밑과 가로 테두리를 꺾은 다음, 드리퍼에 밀착시키는 것과 같이 세트한다. 중간켜기 커피가루 60g(15g×4인분)을 넣는다.

2 커피가루를 평평하게 부은 다음 따뜻한 물을 떨어뜨려 가운데가 파이게 한다.

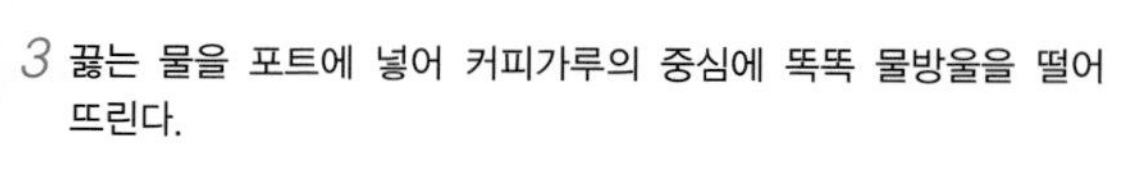

3 끓는 물을 포트에 넣어 커피가루의 중심에 똑똑 물방울을 떨어뜨린다.

4 커피가루가 물크러지고 부풀어오른 표면에 뻐금뻐금 구멍이 생긴다. 부풀어오름이 꺼지기 바로 직전, 두번째 물을 붓는다.

5 두번째 물도 따뜻한 물로, 가늘게 중심부터 밖으로 떨어뜨린다.

6 커피가루가 다시 한번 부풀어 오르면 잠시 후에 서버에 커피가 떨어지기 시작한다.

7 세번째 붓는 물은 조금 굵게 떨어뜨린다.

8 마지막은 포트를 높이 들어 물을 세게 떨어뜨린다.

9 드리퍼에 넣은 뜨거운 물이 전부 아래 서버로 떨어지면, 드리퍼를 뗀다.

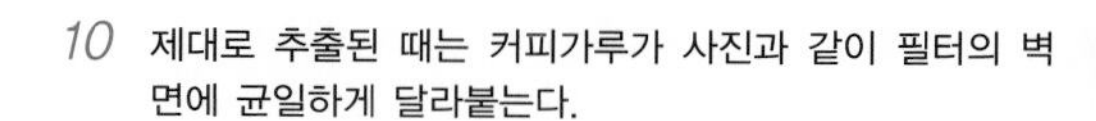

10 제대로 추출된 때는 커피가루가 사진과 같이 필터의 벽면에 균일하게 달라붙는다.

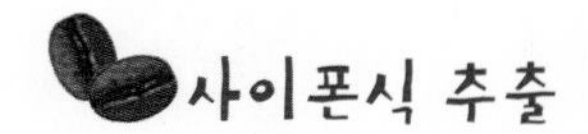

사이폰식 추출

사이폰은 진공여과방식으로, 원리는 플라스크에 진공상태를 만든 후 증기압의 힘으로 커피를 추출하는 구조이다. 플라스크에 따뜻한 물이 로트에 올라가 커피를 우려내는 것이다. 사이폰의 원리는 19세기 중엽에 영국의 나피아 부인에 의해 발명되었으나 지금과 같은 모양은 20세기 전반에 만들어진 것이다.

처음에는 끓인 물의 양과 로트의 들어가는 방법이 목적한 대로 되지 않고 실패하는 일이 있으나, 익숙해지면 균일한 맛의 커피추출이 가능하다. 다만, 사용 후에 기구를 잘 씻어 두고, 천은 물로 깨끗이 씻어 보존해 두는 등의 마무리 손질을 잘해 두어야 한

1 플라스크 안에 끓인 물 700cc(140cc×5인분)를 넣는다. 이것은 추출 필요량의 70%로 나머지 30%는 후에 로트에 넣는다.

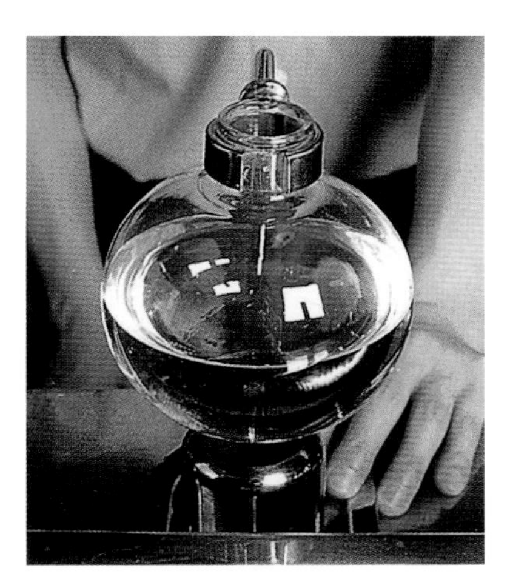

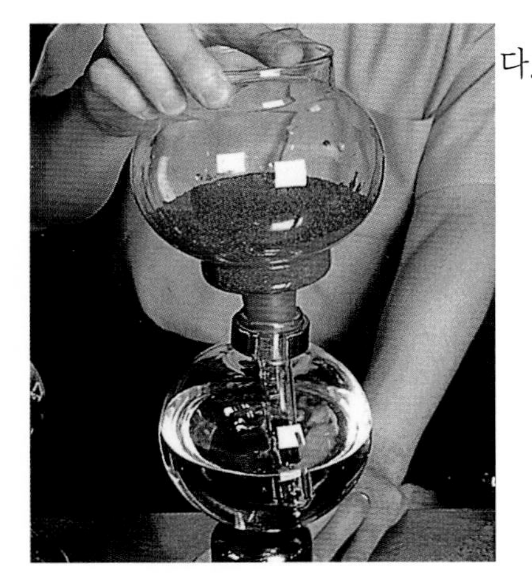

다.

2 로트에 가늘게 켠 커피가루 60g(12g×5인분)을 넣는다. 플라스크의 끓인 물이 비등(沸騰)해 올라가면, 로트를 단단히 끼워 넣는다.

3 로트를 끼워 넣으면, 곧 플라스크의 끓은 물이 로트에 올라간다. 화력을 조절하는 알코올램프이면 화력을 조금 약하게 한다.

4 끓은 물이 로트 안으로 완전히 올라가기 전에 포트의 나머지 끓은 물 30%를 따르면서 대나무 주걱으로 가루를 휘저어 섞는다.

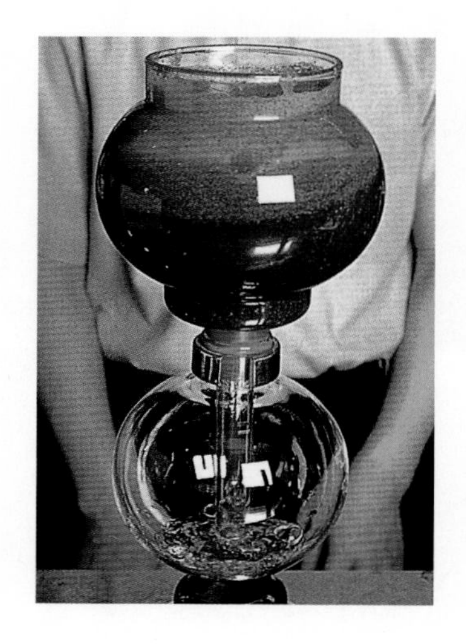

5 휘저어 섞은 후, 45초 정도 가만히 둔다. 그러는 동안 커피의 성분이 끓은 물 속으로 녹아 나온다.

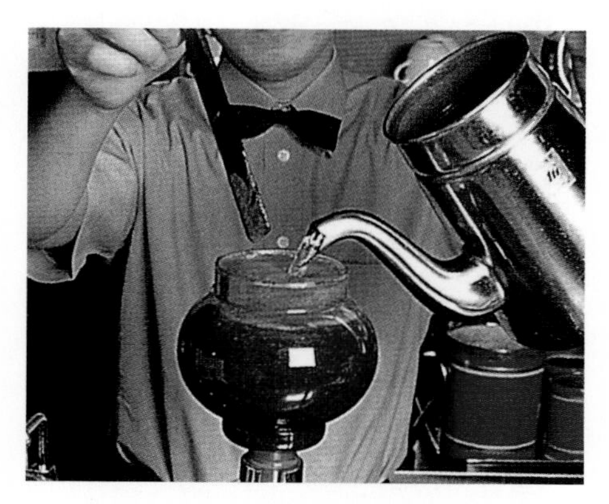

6 45초가 경과하는 동안 로트 윗부분에 가루가 떠오른다. 램프를 떼어내기 전에 한 번 더 물을 따라 상부를 가볍게 휘젓는다.

7 플라스크에서 램프를 떼어낸다. 로트의 커피가 빨아들이도록 떨어뜨려 간다. 전부 떨어지면 이것으로 추출은 완료된다.

8 추출 도중의 플라스크 안 윗부분에 예쁘게 거품이 이는데, 이것은 커피의 침출(浸出)과 추출(抽出)이 정확히 이루어졌다는 증거다.

9 커피가 떨어지고 난 로트 안은 추출하고 남은 커피가루가 균일하게 필터에 남는다.

에스프레소식 추출

에스프레소란 영어의 익스프레스(Express, 급행)와 같은 뜻이다.

19세기 초 이탈리아를 중심으로 커피를 추출하는데 증기압을 이용하려는 움직임이 일었다. 이어서 1819년 프랑스에서, 1825년에 독일과 오스트리아에서도 연구가 진행되어 1843년 에드워드 루아이젤이 1시간에 2,000여 잔을 추출할 수 있는 기계를 개발하기에 이르렀다. 이렇게 추출된 커피는 쓴맛이 강하고 농후한 맛으로 독특한 거품이 이는 것이 특징이다. 농후한 맛 때문에 작은 데미타제잔에 마시기도 한다. 일반적으로 우유는 넣지 않는다.

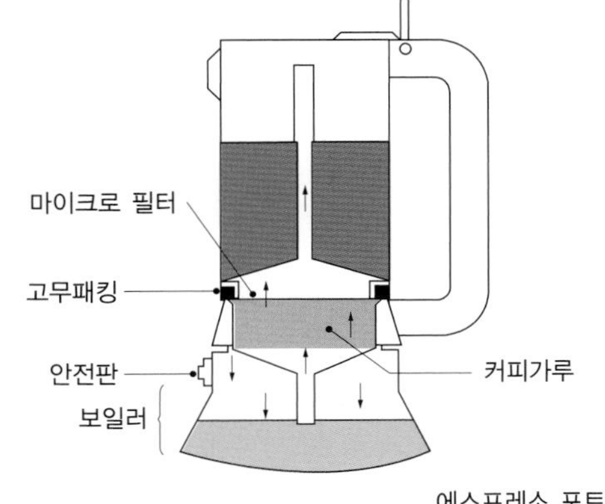

에스프레소 포트
끓은 물이 비등하면, 증기압으로 끓은 물이 밀어내어 커피의 성분을 순간적으로 추출하는 포트

그 외 추출방법

· 물추출 커피 : 더치 커피(Dutch Coffee)라고 불려지는 독특한 기구를 사용하는데, 물을 똑똑 떨어뜨려 오랜 시간동안 추출하는 것으로 세련된 맛이 특징이다.

· 파고레타 : 순환식으로 커피를 끓여 낸다. 지나치게 오래 달이지 않도록 하며, 중간 추출 분쇄보다 거친 가루를 사용한다.

· 터키 커피 : 이브리크라고 하는 독특한 기구로 커피가루를 끓인다.

· 보일 커피 : 동으로 끓는 물을 데워서 커피가루를 넣어 끓여 낸다. 이것은 걸러 마시는 단순방식의 커피이다.

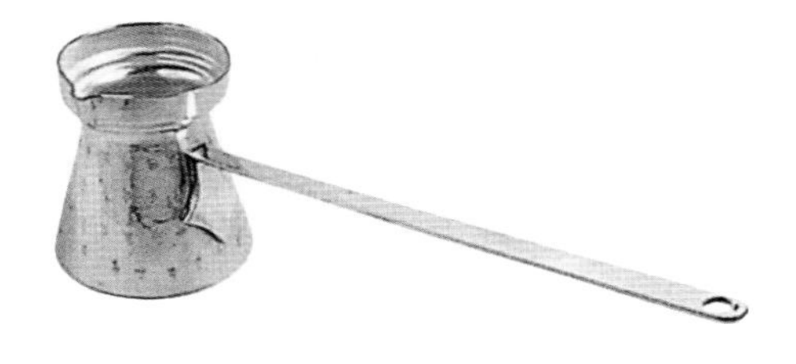

이브리크
터키 커피에 사용하는 동. 이것에 가루와 물을 넣고 약한 불에서 장시간 끓여 낸다.

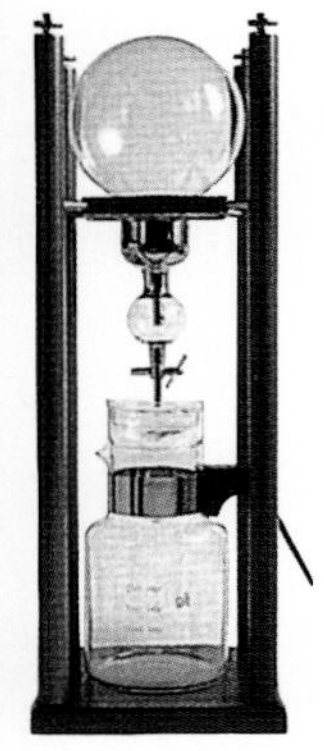

물추출 커피
끓은 물에 가늘게 켠 가루를 세트한다.
위의 로트에 물을 넣어 여과기를 통해 똑똑 떨어뜨려 장시간 추출한다.

파고레타
가루를 세트해 불에 놓은 따뜻한 물이 순환해서 커피가 추출된다. 추출이 지나치지 않도록 주의해야 한다.

커피맛을 더해 주는 부재료와 소도구

부재료

커피음료의 주체는 물론 커피원두다. 엄선된 생두를 알맞게 볶아 낸 다음 적당한 크기로 분쇄해 놓았을 때 은은히 퍼지는 커피향기는 그것만으로도 마음을 풍요롭게 해 준다. 그러나 이 상태에서는 식품이 될 수 없다. 원두커피에 뜨거운 물을 사용해 추출했을 때 비로소 기호음료가 되는 것이다. 더욱이 커피는 꼭 필요해서 마시는 것이 아니기 때문에 각 개인의 취향에 따라 여러가지 부재료를 첨가할 수 있다.

커피에 달콤한 맛을 더해 주기 위해 설탕을 첨가하거나 우유 또는 생크림, 심지어 커피에 버터를 넣어 유제품 특유의 부드럽고 고소한 맛을 강화시키기도 한다. 또 갖가지 향신료를 첨가해 다양한 맛을 만들 수 있으며, 알코올 함량이 높은 술을 몇 방울 떨어뜨려 커피와 술의 향기가 서로 어우러지게 할 수도 있다. 이처럼 부재료들은 커피와 함께 사용되어 맛을 더욱 다양하게 한다.

물

커피음료는 99%가 물로 이뤄진다. 나머지 1%에 커피 추출물과 여러 가지 향기물질, 그리고 맛을 좌우하는 성분들이 함유되어 있다.

물만큼 많은 물질을 녹일 수 있는 물질은 없다. 따라서 자연계에 존재하는 물은 주변의 많은 유기물과 무기물을 함유하고 있다. 이같은 물질이 들어 있지 않은 순수한 물이 증류수이다. 커피음료를 만들 때 유기물질이 많이 함유된 물을 사용해선 안 된다. 이같은 물은 위생상으로도 좋지 않을 뿐 아니라 물에서 나는 악취 때문에 커피의 맛도 떨어뜨린다.

수돗물은 소독과정에 사용된 염소에서 강한 냄새가 나기 때문에 언제나 끓여서 사용해야 한다. 유리염소는 색과 향기를 나쁘게 하는데, 끓이는 것만으로도 냄새를 완전히 제거할 수 없을 경우에는 정수기를 사용하는 것이 좋다. 또한 빌딩에서는 보통 물탱크에 물을 일단 저장해 놓았다가 사용하기 때문에 이런 경우에는 사용할 물을 하루 전에 받아놓아 침전시킨 후 윗물만 사용하는 것이 좋다.

설탕과 감미료

커피에 설탕을 넣는 관습은 프랑스 루이 14세 시대 궁중의 여자들에 의해서 비롯되었다. 설탕을 넣으면 커피의 쓴맛이 감소될 뿐만 아니라 카페인과 함께 피로를 회복시키는 기능을 갖고 있어 점차 많은 사람들이 설탕을 이용하게 되었다. 그러나 설탕을 넣으면 커피의 맛과 향이 흐려지기 때문에 설탕 넣는 것을 좋아하지 않는 사람도 많다. 흑설탕은 회분 등이 함유되어 있어 특유의 향기를 갖고 있기 때문에 진한 단맛이나 감칠맛을 내고 싶을 때 사용한다. 백설탕은 단맛 바로 그 자체이기 때문에 커피나 홍차 등의 본래 맛을 크게 손상시키지 않는다.

이외에도 설탕은 아니지만 감미료로 사용되고 있는 것 중에는 이성화당과 벌꿀이 있다. 이성화당은 상쾌한 단맛을 가지고 있어 아이스 커피용 시럽으로 사용하면 아주 좋은 효과를 볼 수 있다. 순수한 벌꿀은 채집된 밀원에 따라서 향기가 다르다.

유제품

유제품은 커피의 맛을 한층 더 고소하고 부드럽게 해준다. 커피에 사용되는 유제품으로는 우유, 크림, 버터 등이 있다. 그 중 우유에 함유된 탄수화물인 유당은 단맛을 내며 우유 단백질, 지방 등과 함께 입 안의 촉감을 좋게 한다. 신선한 우유의 향기는 아세톤, 메틸케톤류, 아세트알데히드, 디메틸설파이드, 락톤, 저급지방산 등에서 기인한다. 우유를 이용한 커피메뉴 중 대표적인 것이 카페오레다. 이것은 밀크커피를 의미하는 것으로 모닝 커피, 아메리카 커피 등 여러 가지로 이용할 수 있다.

우유만을 사용하면 너무 묽기 때문에 먼저 따뜻한 우유에 크림을 섞어 사용하면 더 진한 커피를 맛볼 수 있다.

커피에 사용되는 크림은 유지방, 식물성 지방, 유지방과 식물성 지방을 혼합하여 놓은 것 등이 있다. 커피에 크림을 넣으면 고소하고 부드러운 맛이 강해지기 때문에 아메리칸 스타일에 많이 사용한다.

커피의 원산지인 에티오피아에서는 소금과 버터를 맛보면서 커피를 마시는 풍습이 있다. 버터를 넣는 커피는 프렌치 로스팅 정도로 강하게 볶은 것을 사용한다.

또한 향 커피가 유행하고 있는 가운데 크림에 향이 가미된 향 크림도 인기가 높다.

양주

커피에 술을 첨가하는 것은 맛과 향기를 좋게 하기 위해서이다. 즐기는 대상이 커피일 경우 커피에 넣는 술의 양이 지나치게 많으면 커피맛보다 술맛이 더 강하게 되어 좋지 않다. 경우에 따라서 술에 커피를 약간 가미해 칵테일 형태로 즐길 수도 있다.

커피에 위스키의 향이 은은히 흘러나오는 것으로 유명한 아이리시 커피는 한 잔의 뜨거운 커피에 위스키를 타 그 향기와 맛을 즐기는 칵테일성 커피이다.

이 커피 스타일은 아일랜드 더블린 공항에서 급유를 기다리는 여행객들이 북해에서 불어오는 차가운 바람으로 인해 얼어붙은 몸을 녹이기 위해 커피에 위스키를 첨가해 즐기기 시작한 것으로 그 후 일반인들에게 널리 퍼지게 되었다.

향신료

향신료는 커피에 향미를 더하는 것으로 식물의 꽃, 열매, 싹, 나무껍질, 뿌리, 잎 등을 말한다. 이밖에도 소화기관을 자극하여 소화를 돕고 방부작용과 약리작용을 갖는 것도 많다.

커피에 주로 사용되는 향신료는 계피, 올스파이스, 너트맥, 박하, 생강 등이다. 향신료는 원두커피와 함께 분쇄기에 넣어 분쇄한 다음 추출하는 것이 바람직하다.

최근에는 화학 향신료가 200여 가지나 발달되어 향 커피를 유행시키고 있는데, 다양한 향으로 커피 본래의 맛을 잃어버리고 커피보다 향에 의존해 마시는 경우도 있다.

달걀

우리나라에서 모닝커피 하면 달걀 노른자를 넣어 주던 때가 있었다. 이처럼 커피에 달걀을 넣거나 노른자 및 흰자를 거품내어 넣기도 한다. 뜨거운 커피에 넣을 때는 덩어리가 지지 않도록 조심해야 한다.

아이스크림

커피에 사용하는 아이스크림은 바닐라 아이스크림이 적합하다. 그 이유는 부드러운 베이지색과 은은하게 풍기는 바닐라 향기가 다른 어떤 것과도 잘 어울리기 때문이다. 커피잔은 커다란 유리잔을 사용하고 그 위에 아이스크림을 띄워 놓는다.

젤라틴

젤라틴은 동물의 연골조직 성분인 콜라겐이 열에 의해 변성된 것이다. 동물성 단백질이기 때문에 처리과정이 잘못되었을 경우에는 냄새가 날 수 있으므로 주의해야 한다. 젤라틴은 커피젤리를 만드는 데 사용한다. 분말과 판상제품이 있는데 일반적으로 판상제품이 더 좋다.

초콜릿

초콜릿은 열대 아메리카가 원산지인 카카오나무의 열매에서 추출한 코코아와 카카오 버터, 설탕, 유제품 등을 가지고 만든다. 음료용으로는 코코아 분말을 사용한다. 커피에는 초콜릿이나 초콜릿 시럽을 넣을 수 있는데, 보통 시럽을 많이 사용한다. 초콜릿을 넣은 커피로는 카페모카가 유명하다.

각국의 원두커피 시장현황

구분 / 나라	원두커피 비율(%)	인스턴트커피 비율(%)
미국	87	13
일본	55	45
독일	87	13
네덜란드	99	1
스페인	80	20
스웨덴	95	5
프랑스	93	7
한국	10	90

소도구

오늘날까지 가정에서 마시는 커피는 대개 인스턴트 커피였으므로 커피잔과 주전자만 있으면 되었다. 그러나 해외여행 붐이 일어나고, 88올림픽이 치러진 후 유럽으로부터 들어온 원두커피가 국내에 유행되기 시작하였다.

인스턴트 커피는 뜨거운 물만 부으면 되었지만, 원두커피의 경우는 여러 가지 소도구가 필요하다. 다소 손이 많이 가는 번거로움이 있지만 자기가 원하는 맛을 즐길 수 있는 장점이 있다. 그러기 위해서는 배전두를 가루로 갈고 추출해 따라 마실 수 있는 분쇄기, 추출기, 커피잔 등이 필요하다.

분쇄기

분쇄기는 배전두를 원하는 굵기로 갈아내는 기구이다.

배전한 원두는 고유의 향을 갖는다. 이 향은 휘발성이어서 날아가기 쉬운데, 갈아놓은 커피가루는 그 정도가 더 심하다. 그래서 집에서 분쇄기를 준비해 즉석에서 갈아 사용해야 커피 본래의 향을 즐길 수 있다.

추출기

커피추출기는 추출방법에 따라 알맞는 기구를 사용해야 한다. 즉 드립식 커피를 만들고자 하는 경우 드립세트를, 사이폰식 커피는 사이폰, 에스프레소 커피는 에스프레스를 사용해야 한다.

커피잔

커피잔은 손가락을 끼울 수 있는 고리가 달린 도기로서 커피의 뜨거운 열기가 쉽게

식지 않도록 높은 온도에서 구운 것이어야 한다. 왜냐하면 커피맛을 좌우하는 요인은 다름아닌 커피(물)의 온도인데, 커피를 마시는 동안 제맛을 유지하려면 커피의 온도가 내려가지 않아야 하기 때문이다.

그래서 낮은 온도에서 구운 것은 커피 자체 온도를 빼앗아 가기 쉬우므로 되도록 피하고 커피잔을 데워서 사용하도록 한다. 커피잔은 재질에 따라 도기, 자기, 금속, 유리, 플라스틱, 목재잔 등이 있는데, 이중에서 가장 널리 쓰이는 것은 도자기다.

커피잔은 다양한 기능성을 갖추면서 동시에 미적 감각을 추구하는 인간의 욕망을 담아 아름다움과 품위와 격조를 갖추는 방향으로 발전하고 있다. 커피잔도 분쇄기와 마찬가지로 개인의 취향에 맞추어 사용하는 것이 커피를 즐길 수 있는 또 하나의 방법이다. 최근에는 아메리칸 스타일에서 주로 사용하는 머그잔이 많이 사용되고 있다.

세팅에는 손잡이 부분이 왼쪽으로 가게 하는 영국식(좌)과 오른쪽으로 가게 하는 아메리카식(우)이 있다.
영국식은 스푼으로 커피를 저은 후 오른손으로 쥐는 손을 돌린다.

커피스푼은 2cm 정도 접시에 서 내밀어 걸쳐둔다.

일반적으로 커피잔은 입구가 좁고 바탕이 두꺼운 것의 투광성(透光性)이 낮은 것, Tea컵은 입구가 넓고 바탕이 얇은 투광성이 높은 것이라고 하는 차이가 있다.

Coffee
커피 메뉴의 세계

뜨거운 커피(Hot Coffee)

뜨거운 커피에도 유형이 있다. 신맛의 모카 커피부터 아메리칸 커피, 그리고 배전과 시대에 따라 차이가 있다. 최근의 동향으로는 콜롬비아를 대표하는 마일드한 맛이 인기가 높다. 또 이탈리아의 에스프레소 커피도 인기가 높아지고 있으며, 그 외 커피에 크림을 띄우는 것도 가정에서도 즐겨 이용하고 있다. 버라이에이션 커피(Variation Coffee)라든지, 어레인지 커피(Arrange Coffee)가 생활문화의 중심에서 탄생한 커피이다.

로사 멕시카노 *Rosa Mexicano*

핑크빛 로사(여성)커피, 글라스의 아름다운 컬러를 음미하고 스트로로 우유와 커피의 맛을 함께 즐기는 멕시코 커피이다.

재 료	커피추출액 1컵, 거품우유 적당량, 설탕 $1\frac{1}{2}$작은술, 식용적색소
방 법	1. 물 10cc에 식용적색소를 녹인 후 글라스에 붓는다. 2. 설탕과 거품우유를 넣어 핑크색이 되게 한다. 3. 글라스에 스푼을 대어 진한 커피를 천천히 흘려 따른다.

모카 카프리엔디 *Mocha Capriend*

초콜릿향의 모카 커피에 코코아가루를 넣어 향을 더하고, 그 위에 휘핑크림과 아몬드를 얹어 맛이 고소하고 달콤한 커피이다.

재 료	모카 커피추출액 1컵, 코코아가루 1작은술, 생크림 1작은술, 설탕 1$\frac{1}{2}$작은술, 휘핑크림, 아몬드
방 법	1. 컵에 코코아가루와 설탕을 넣고 뜨거운 커피를 부어 녹인다. 2. 생크림을 넣어 부드러운 맛을 더한다. 3. 휘핑크림을 얹고 아몬드를 잘게 썰어 장식한다.

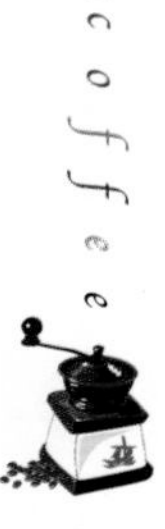

비엔나 커피 *Vienna Coffee*

음악의 도시 오스트리아의 빈에서 유래된 커피이다. 300년 전쯤 오스트리아의 수도 빈에는 침공해 온 터키군에게 포위되어 이슬람교도와 기독교도와의 싸움이 격화되어 갔다. 그 때 폴란드 태생의 터키군의 통역인인 콜스치즈키(Kolschitzky)라는 사람이 있었는데, 나중에는 오스트리아(연합군 측)의 사자(使者)가 된 인물이었다. 1683년 전쟁은 연합군의 승리로 돌아가 터키군은 많은 병기와 군수물자를 남기고 패주했는데, 바로 그 전리품 속에 대량의 커피콩이 있었다. 이 커피콩의 이용법은 공교롭게도 단 한사람, 터키군에서 일한 적이 있는 콜스치즈키만이 알고 있었다. 그는 비엔나 사람들에게 커피 만드는 법을 가르쳐 주는 동시에 직접 비엔나 커피하우스를 열어 터키 커피를 제공했다고 한다. 그러나 비엔나 커피라는 이름을 가진 커피는 빈에는 없으며, 단지 이곳을 방문하는 관광객들의 입에 오르내리는 이름일 뿐이다.

재 료	커피추출액 1컵, 설탕 1½작은술, 휘핑크림
방 법	1. 컵에 설탕을 넣고 뜨거운 커피를 부어 젓는다. 2. 컵 윗면을 모두 덮도록 충분한 양의 휘핑크림을 얹는다. (휘핑크림은 미리 설탕을 넣어 단맛을 내는 것이 좋다) 3. 스푼으로 젓지 않고 마신다.

버터 커피 *Butter Coffee*

추운 겨울에 마시는 고소하고 열량이 높은 커피이다. 커피가 식으면 버터가 컵 주위에 붙으므로 뜨거울 때 빨리 마신다.

재 료	커피추출액 1컵, 버터 1조각
방 법	1. 컵에 추출된 커피를 따른다. 단맛을 좋아하면 미리 설탕을 넣어 녹인다. 2. 버터를 얇게 썰어 가운데에 띄운다. 3. 버터가 녹기 시작하면 마신다.

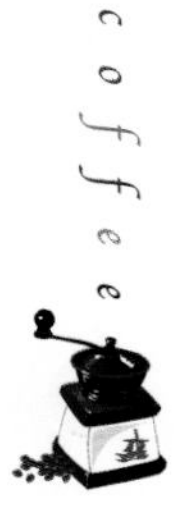

터키시 커피 *Turkish Coffee*

터키식의 제조방법이 인류가 처음으로 커피를 마셨던 방법이라고 전해지고 있다. 이브리크라고 하는 동(구리)의 손냄비에 커피가루와 물을 넣어 달여서 그 윗물만 컵에 따른 후 단맛이 강한 터키설탕을 머금고 커피를 마시면서 쓴맛을 즐기는 스타일이다. 윗물을 따른 나머지를 다시 끓여 거품이 일게 해서 그것을 컵 위부터 따른 이탈리아의 에스프레소 커피의 원형이라고 전해지고 있다.

재 료	커피추출액 1컵, 설탕 $1\frac{1}{2}$작은술
방 법	1. 용기에 물과 커피, 설탕을 넣고 불에 올려 놓는다. 2. 끓으면 불을 끄고 난 후 다시 올려 놓기를 세 번 반복한다. 3. 우러난 액이 가라앉으면 데미타제 컵에 천천히 따른다.

스노우 커피 *Snow Coffee*

비엔나 커피의 응용으로 눈처럼 흰 휘핑크림 위에 코코아가루를 뿌린 달콤하고 부드러운 커피이다.

재 료	커피추출액 1컵, 설탕 $1\frac{1}{2}$작은술, 코코아가루 1작은술, 휘핑크림
방 법	1. 컵에 설탕을 넣고 뜨거운 커피를 부어 젓는다. 2. 컵 윗면에 충분한 양의 휘핑크림을 얹는다. 3. 코코아가루를 뿌려 장식한다.

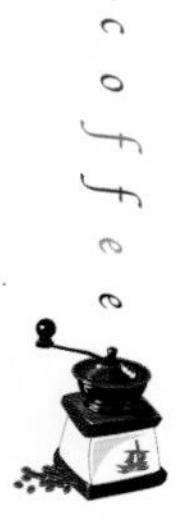

아인슈파이너 *Einspänner*

아메리칸 커피가 아메리카의 커피숍에 없는 것과 같이 비엔나 커피도 빈의 카페에는 없다. 빈에서 마시고 있는 휘핑크림을 띄운 커피를 '빈 풍(風)커피'의 의미로 비엔나 커피로 부르고 있다. 이것은 쓴맛이 강한 커피와 같은 양의 휘핑크림을 띄운 위에 깎은 초코를 넣은 디저트격인 커피이다.

재 료	커피추출액 1컵, 설탕 1$\frac{1}{2}$ 작은술, 휘핑크림, 깎은 초코
방 법	1. 컵에 설탕을 넣고 커피를 붓는다. 2. 그 위에 휘핑크림을 얹고 깎은 초코를 올려 놓는다. 3. 접시에 코스타를 깔고 옆에 별도의 물컵에 스푼을 얹어 서브한다.

스파이스 커피 *Spice Coffee*

다양한 향신료를 넣어 추출한 커피에 휘핑크림을 얹고 꿀과 계피스틱으로 장식한 커피이다. 이 커피는 아라비아에서 처음 커피를 마시기 시작할 때 생겨났다.

재 료	에스프레소 커피추출액 1컵, 너트맥가루 약간, 계피가루 약간, 설탕 1작은술, 꿀 1작은술, 휘핑크림, 계피스틱
방 법	1. 너트맥가루와 계피가루를 조금씩 넣고 커피를 추출한다. 2. 컵에 설탕을 넣고 뜨거운 커피를 부어 젓는다. 3. 계피스틱을 꽂고 휘핑크림을 얹은 후 꿀과 계피가루로 장식한다.

에스프레소 젤라틴 *Espresso Gelatin*

이탈리아풍의 빈 커피로 불린다. 뜨거운 에스프레소 커피 위에 젤라틴이 녹아서 크림처럼 된다. 찬 젤라틴이 뜨거운 커피 위에 떠서 재미있는 모양을 만들고, 또 젤라틴의 단맛이, 쓴맛이 있는 에스프레소 커피와 잘 어울린다.

재 료	에스프레소 커피추출액 1컵, 젤라틴 1큰술
방 법	1. 컵에 설탕을 넣고 추출된 커피를 붓는다. 2. 그 위에 젤라틴을 얹는다.

스파이스 커피 카푸치노 *Spice Coffee Cappuccino*

스파이스 커피와 카푸치노의 응용커피는 향신료를 넣어 추출하고 거품을 낸 우유를 위에 얹는다. 휘핑크림 위에 상큼한 마멀레이드를 얹는다.

재 료	에스프레소 커피추출액 1컵, 너트맥가루 약간, 계피가루 약간, 클러버향 1개, 설탕 1작은술, 마멀레이드 1작은술, 휘핑크림, 계피스틱
방 법	1. 너트맥가루와 계피가루, 클로버향을 넣고 커피를 추출한다. 2. 손잡이가 달린 냄비에 우유를 끓기 직전까지 데운다. 전자레인지에 데우거나 중탕을 해도 된다. 충분히 거품을 내기 위해 블렌더로 몇초 간 저어 준다. 3. 컵에 설탕을 넣고 뜨거운 커피를 부어 젓는다. 계피스틱을 꽂고 거품을 낸 우유를 조심스럽게 따른다.

카페 그린 *Café Green*

녹차가루의 은은한 향이 커피와 어우러져 그 맛이 매우 매력적인 커피이다.

재 료	커피추출액 1컵, 설탕 1$\frac{1}{2}$작은술, 휘핑크림, 녹차가루 약간
방 법	1. 컵에 설탕을 넣어 약간 진하게 내린 뜨거운 커피를 붓는다. 2. 충분한 양의 휘핑크림을 얹는다. 3. 그 위에 녹차가루를 뿌린다.

서인도풍 밀크커피 West Indian Milk Coffee

카페오레의 응용으로, 달콤한 밀크커피에 소금, 꿀을 넣고 휘핑크림을 얹는다.

재 료	커피추출액 $\frac{1}{2}$컵, 우유 $\frac{1}{2}$컵, 설탕 1작은술, 꿀 1작은술, 맛소금 약간, 휘핑크림
방 법	1. 컵에 설탕과 소금을 넣고 뜨거운 커피와 우유를 1:1의 비율로 부어 젓는다. (꿀이 들어가므로 설탕의 양을 줄인다) 2. 휘핑크림을 얹는다. 3. 꿀로 장식한다.

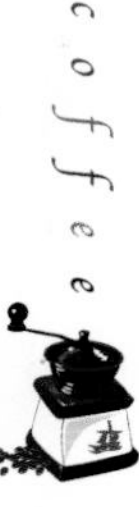

카페 에스프레소 *Café Espresso*

본격적인 이탈리안 커피로 '크림 카페' 라고도 한다. 이탈리아에서는 식후에 즐겨 마시는데, 피자와 같은 지방이 많은 요리를 먹은 후에 적합한 커피이다.

재 료	에스프레소 커피추출액 1컵, 설탕 $1\frac{1}{2}$작은술, 크림
방 법	1. 이탈리안 스타일의 커피콩을 사용하여 에스페르소 머신에 넣어 추출한다. 2. 데미타제 컵에 따라서 블랙으로 마시는데, 너무 강렬하기 때문에 기호에 따라 설탕, 밀크 등을 넣어도 좋다.

중국식 밀크커피 Chinese Milk Coffee

카페오레의 응용이다. 달콤한 밀크커피에 구기자향을 넣고 휘핑크림을 얹는 커피다.

재 료	커피추출액 $\frac{1}{2}$컵, 우유 $\frac{1}{2}$컵, 설탕 $1\frac{1}{2}$작은술, 구기자가루 1작은술, 휘핑크림, 구기자
방 법	1. 컵에 설탕과 구기자가루를 넣고 커피와 우유를 1:1의 비율로 부어 젓는다. 2. 휘핑크림을 얹는다. 3. 구기자로 장식한다.

카페오레 *Café au Lait*

프랑스식 모닝커피로 카페오레는 커피와 우유라는 의미이다. 영국에서는 밀크커피, 독일에서는 미히르카페, 그리고 이탈리아에서는 카페라테(Café Latte)로 불린다. 겨울에는 뜨겁게 해서 마실 수도 있다.

재 료	커피추출액 $\frac{1}{2}$컵, 우유 60㎖, 설탕 1$\frac{1}{2}$작은술
방 법	1. 커피를 보통의 추출농도보다 40% 정도 진하게 추출한다. 2. 큰 컵에 같은 양의 커피와 우유를 동시에 붓는다. 3. 기호에 따라 설탕을 넣기도 하며, 즉시 마신다.

카페 프리덤 *Café Freedom*

다양한 향신료를 넣어 추출한 커피에 코코아가루와 생크림으로 부드러운 맛을 더하고 휘핑크림과 계피스틱으로 장식한 커피이다.

재 료	커피추출액 1컵, 코코아가루 1작은술, 설탕 $1\frac{1}{2}$작은술, 생크림 1작은술, 계피가루 조금, 클로버향 1개, 소금, 휘핑크림, 계피스틱, 레몬껍질 다진 것
방 법	1. 계피가루와 클로버향을 넣고 커피를 추출한다. 2. 컵에 코코아가루와 설탕, 소금을 넣고 뜨거운 커피를 붓는다. 3. 휘핑크림을 얹고 레몬껍질 다진 것과 계피가루로 장식한다.

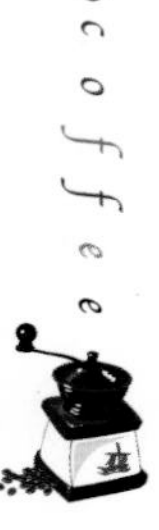

카페 카푸치노 *Café Cappuccino*

20세기 초기에 이탈리아인에 의해 발명한 에스프레소 커피머신에 의해 카프치노도 발명되었다. 열기에 거품을 일어 우유를 커피 위에 흘린다. 접시에 초콜릿과 시나몬을 끼얹어 만든다. 이때 색이 수도승의 머리도포와 닮아 있는 것이 이름의 유래라고 말한다.

재 료	에스프레소 커피추출액 1컵, 우유 $\frac{1}{3}$컵, 계피가루 $\frac{1}{4}$작은술, 휘핑크림, 계피스틱
방 법	1. 에스프레소 커피가루에 계피가루를 섞어 커피를 추출한다. 2. 손잡이가 달린 냄비에 우유를 넣어 끓기 직전까지 데운다. 전자레인지에 데우거나 중탕해도 된다. 충분히 거품을 내기 위해 블렌더로 몇초 간 저어 준다. 3. 컵에 계피스틱을 꽂고 커피를 부은 후 그 위에 거품낸 우유를 조심스럽게 따른다. 4. 휘핑크림을 얹고 계피가루를 뿌린다.

카페 플라밍고 *Café Flamingo*

비엔나 커피의 응용이다. 휘핑크림 위에 정열적인 붉은색 체리를 올려 보기에 화려하고 맛은 상큼하다.

재 료	커피추출액 1컵, 설탕 1½작은술, 체리가루 1작은술, 휘핑크림, 체리 열매 1개
방 법	1. 컵에 설탕을 넣고 뜨거운 커피를 부어 젓는다. 2. 컵 윗면을 충분한 양의 휘핑크림으로 얹는다. 3. 체리가루를 뿌리고 체리를 가운데 올려 장식한다.

커피 에그녹 *Coffee Eggnog*

온도를 너무 올려 계란노른자가 익어 굳지 않도록 주의를 해야 한다. 이 커피는 미국에서 겨울에 카페나 바 메뉴로 제공되고 있다.

재 료	커피추출액 $\frac{1}{2}$컵, 설탕 1$\frac{1}{2}$작은술, 계란노른자 1개, 휘핑크림, 우유 30cc, 계피가루 조금
방 법	1. 계란노른자, 설탕, 휘핑크림, 우유를 넣고 저어 준다. 2. 80℃의 약간 진한 커피를 천천히 붓는다. 내려간 온도는 다시 열을 가해 75℃가 될 때까지 올린다. 3. 그 위에 계피가루를 뿌려 준다.

커피 앤드 초콜릿 커피 Coffee & Chocolate Coffee

카페오레의 응용이다. 달콤한 밀크커피에 코코아가루와 버터를 녹이고 휘핑크림을 얹는다.

재 료	커피추출액 $\frac{1}{2}$컵, 우유 $\frac{1}{2}$컵, 설탕 1$\frac{1}{2}$작은술, 코코아가루 1작은술, 버터 1작은술, 휘핑크림, 장식용 버터
방 법	1. 컵에 설탕과 코코아가루, 버터를 넣고 뜨거운 커피와 우유를 1:1의 비율로 부어 젓는다. 2. 휘핑크림을 얹는다. 3. 버터를 얇게 썰어 장식한다.

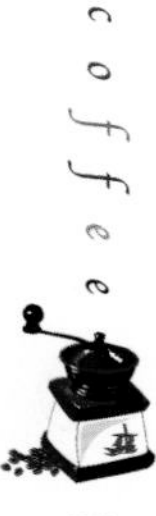

핫 모카 자바 *Hot Mocha Java*

초콜릿을 넣은 핫 모카 자바는 옛날 자바섬에서, 초콜릿을 많이 먹는 네덜란드 사람들이 이 형태의 커피를 즐겨 마셨다는 데에서 유래한 이름이다. 서양에서는 이를 핫 모카 또는 그냥 모카라고 부르는데, 이 명칭은 보통 초콜릿을 넣은 커피에 붙여지며 때로는 커피를 총칭하거나 최상품의 커피에 붙여지는 이름이기도 하다.

우리 나라나 일본에서 '모카' 라 하면 모카 향에서 수입된 단종의 커피를 가리킨다.

재 료	커피추출액 $\frac{1}{2}$컵, 초콜릿시럽 30cc, 휘핑크림 3작은술, 초콜릿 녹인 것 약간
방 법	1. 컵을 데운 뒤 초콜릿시럽을 넣는다. 2. 따뜻한 커피를 붓고 섞는다. 3. 그 위에 휘핑크림을 얹고 초콜릿 녹인 것을 올린다.

티카페 *Tea Café*

물 대신 커피로 홍차를 우려내 홍차와 커피의 향을 함께 즐길 수 있는 커피이다. 홍차를 우려내는 시간이 길수록 커피맛보다 홍차맛이 진해지고 떫은 맛까지 나므로 주의해야 한다.

재 료	커피추출액 1컵, 홍차 티백 1개, 설탕 1$\frac{1}{2}$작은술, 레몬 저민 것 1조각
방 법	1. 컵에 설탕을 넣는다. 2. 티백을 컵 안에 넣고 뜨거운 커피추출액을 붓는다. 3. 레몬 저민 것을 띄운다. 홍차가 알맞게 우러나면 티백을 즉시 꺼내고 마신다.

피넛 커피 *Peanut Coffee*

피넛 버터를 녹인 밀크 커피 위에 휘핑크림을 얹은 진하고 부드러운 맛의 커피이다.

재 료	커피추출액 1컵, 우유 $\frac{1}{3}$컵, 피너츠 버터 2작은술, 설탕 $1\frac{1}{2}$작은술, 휘핑크림, 땅콩 다진 것 약간
방 법	1. 손잡이가 달린 냄비에 우유를 끓기 직전까지 데운다. 전자레인지에 데우거나 중탕해도 된다. 2. 컵에 우유와 설탕과 피넛 버터를 넣고 녹인다. 3. 커피를 부어 젓는다. 4. 휘핑크림을 얹고 땅콩 다진 것으로 장식한다.

하와이안 밀크 커피 *Hawaiian Milk Coffee*

카페오레의 응용이다. 달콤한 밀크 커피에 휘핑크림을 얹고 코코아가루를 뿌린 커피이다.

재 료	커피추출액 $\frac{1}{2}$컵, 우유 $\frac{1}{2}$컵, 설탕 $1\frac{1}{2}$작은술, 휘핑크림, 코코아가루 약간
방 법	1. 컵에 설탕을 넣고 뜨거운 커피와 우유를 1:1의 비율로 부어 젓는다. 2. 휘핑크림을 얹는다. 휘핑크림은 우묵한 그릇에 생크림을 넣고 부드러운 거품상태가 될 때까지 거품기로 저어 만든다. 얼음을 담은 큰그릇을 준비해 그 안에 생크림이 담긴 그릇을 놓고 거품을 내면 더욱 효과적이다. 3. 코코아가루를 뿌려 장식한다.

차가운 커피(Iced Coffee)

뜨거운 커피와 같은 방법으로 추출한 커피를 차갑게 식혀 마시는 시원한 음료이다. 주로 커피에 얼음을 넣는데, 얼음이 녹아도 싱거운 맛이 나지 않도록 진한 커피를 이용한다. 차가운 커피는 날씨가 무더운 지역에서 즐겨 마셔 왔으나 점차 세계 여러 나라에서 여름철 음료로 마시게 되었다.

아이스 커피 *Ice Coffee*

여름철에 쉽게 즐겨 찾는 아이스커피의 생명은 커피의 쓴맛에 있다. 따뜻한 커피에 비해 향은 적지만 여름철의 갈증과 더위를 식히기에는 충분하다.

재 료	커피추출액 60㎖, 설탕시럽 20㎖, 액상크림, 얼음 적당량
방 법	1. 긴 유리컵에 얼음을 가득 채워 담는다. 2. 설탕시럽을 넣고 커피를 따른다. 3. 취향에 따라 액상크림을 넣는다. 이때 크림은 젓지 말고 천천히 크림이 혼합되는 맛을 즐기며 마시도록 한다.

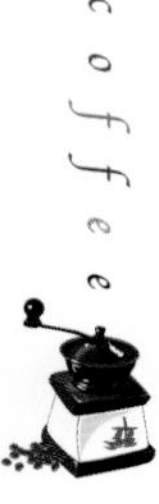

바나나 모카 쿨러 *Banana Mocha Cooler*

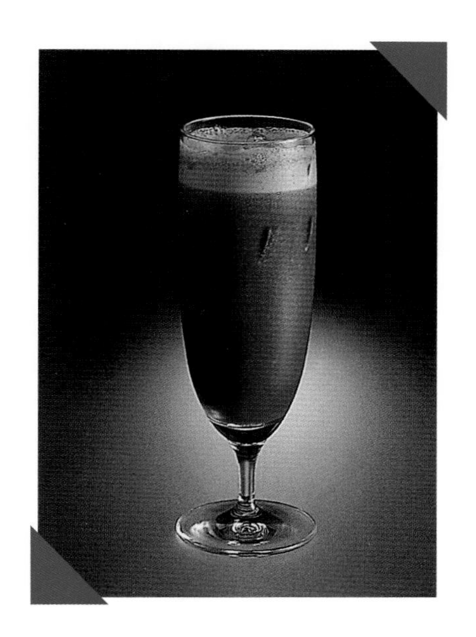

커피와 바나나의 조화가 잘 어우러져 초코와 우유가 그 맛을 한결 부드럽게 해준다. 중남미 여러 나라에서 즐겨 마신다.

재 료	커피추출액 1컵, 설탕시럽, 초코시럽 20cc, 바나나 100g, 우유 40cc, 조각얼음
방 법	1. 믹서에 커피, 초코시럽, 바나나, 우유를 넣고 간다. 2. 글라스에 따른 뒤 조각얼음을 넣는다.

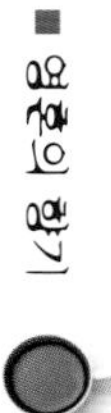

블랙 앤드 화이트 *Black & White*

글라스의 아랫부분에는 블랙커피, 윗부분에는 연유와 휘핑크림이 섞인 흰크림을 담아 뚜렷한 대비를 이루게 한 음료이다. 연유를 많이 넣으면 단맛이 강해진다.

재 료	아이스커피 원액 1컵, 시럽 20㎖, 연유 20㎖, 휘핑크림
방 법	1. 밑이 둥근 글라스에 아이스커피 원액을 따른다. 단맛을 좋아하면 시럽을 넣는데, 크림에 들어가는 연유가 달기 때문에 보통보다는 적은 양만 넣는다. 2. 휘핑크림과 연유를 1:1의 비율로 섞어 커피 위에 얹는다. 휘핑크림만 쓰는 것에 비해 농도가 진하고 단맛이 많이 나는 크림이 된다. 3. 커피와 크림을 한꺼번에 마시고 입 안에서 맛의 조화를 음미한다.

터키시 콜라 플로트 *Turkish Cola Float*

미국 남부에 이주하여 정착한 사람들에 의해 마셔지고 있는 새로운 방식의 커피다.

재 료	진한 아이스커피 120cc, 설탕시럽, 커피 아이스크림, 바닐라 아이스크림, 콜라 60cc, 오렌지 조각
방 법	1. 글라스에 커피 아이스크림과 바닐라 아이스크림을 넣는다. 2. 그 위에 커피를 따른다. 3. 콜라를 천천히 부은 다음 오렌지로 장식한다.

커피 밀크 쉐이크 *Coffee Milk Shake*

우유와 아이스커피 원액을 쉐이커에 넣고 흔들어 만드는 여름철 음료로, 부드럽고 시원하다.

재 료	아이스커피 원액 80㎖, 우유 40㎖, 생크림 2큰술, 시럽 30㎖, 초코시럽
방 법	1. 차가운 우유와 아이스커피 원액을 1:2의 비율로 섞어 시럽, 생크림과 함께 쉐이커에 넣고 흔들거나 블렌더로 섞는다. 2. 미리 차갑게 한 컵의 가운데 부분을 초코시럽으로 장식하고 음료를 붓는다. 3. 스트로를 꽂아 낸다.

커피 플로트 Coffee Float

크림커피로 일명 카페 그랏세, 카페 제라틴으로 불리며, 아이스크림이 들어 있는 커피이다.

재 료	아이스커피 원액 60㎖, 설탕시럽 20㎖, 바닐라 아이스크림 적당량, 휘핑크림, 얼음조각
방 법	1. 큰 글라스에 부순 얼음을 가득 넣고 설탕시럽을 붓는다. 2. 커피를 붓고 잘 젓는다. 3. 바닐라 아이스크림을 넣고 휘핑크림을 장식한다. 4. 롱 스푼과 스트로를 준비한다.

커피 플로트 온 더 커피 *Coffee Float on the Coffee*

아이스커피 위에 아이스크림과 휘핑크림을 얹은 시원하고 달콤한 커피이다.

재 료	아이스커피 1컵, 시럽 30㎖, 바닐라 아이스크림, 휘핑크림, 초코시럽, 인스턴트 커피가루, 체리 1개
방 법	1. 글라스에 아이스커피 원액을 따른다. 아이스커피 원액을 만들려면 다크 로스트의 원두로 진하게 추출한 커피를 병에 담아 냉장고에 급속히 식힌다. 2. 시럽을 넣는다. 생크림을 넣어도 좋다. 3. 글라스 위에 아이스크림을 떠 넣는다. 4. 휘핑크림을 얹고 커피가루와 초코시럽을 뿌린다. 5. 체리로 장식한다. 긴 스푼과 스트로를 함께 낸다.

커피 민트 줄렙 *Coffee Mint Julep*

줄렙이란 위스키에 설탕, 박하 등을 탄 청량음료로, 커피 민트 줄렙은 열대지방의 트로피컬 커피에 해당한다.

재 료	단맛이 가미된 아이스커피 1컵, 화이트민트 1작은술, 조각얼음 150g, 휘핑크림 1작은술
방 법	1. 글라스에 작은 얼음조각을 채운다. 2. 설탕을 넣은 커피와 화이트민트를 붓는다. 3. 그 위에 휘핑크림을 얹는다.

포티파이드 커피(Fortified Coffee)

커피 원액에 브랜디 같은 술을 첨가한 커피는 독특한 맛을 내며, 여기서 커피와 술은 오묘한 조화를 이룬다. 커피가 심신의 활력을 되찾아 주는 한편, 술은 몸의 긴장을 풀어 주는 역할을 하므로, 커피와 술의 결합은 디오니소스와 아폴로, 기독교와 이슬람교, 이성과 감성이 공존하는 이치를 연상케 한다.

커피와 가장 오랜 단짝을 이루고 있는 술은 브랜디이다. 그밖에 대개의 리큐르와 와인도 커피와 잘 어울린다.

술을 첨가한 커피의 종류로는 아이리시 커피, 카페 글로리아, 카페 로열, 카페 브륄로, 카페 디아블 등을 꼽을 수 있다.

아이리시 커피 *Irish Coffee*

이 커피의 고향은 아일랜드이다. 더블린 아일랜드 사람들이 점차 미국의 샌프란시스코에 이주하여 이 커피에 아일랜드 위스키나 미스트를 넣어 마시게 되자, 차츰 유명해져서 '샌프란시스코 커피' 라고도 불리게 되었다. 샴록(아일랜드 국화)색의 포장마차가 노을이 질 무렵 역이나 선착장에 서게 되면, 바다 사나이들이 민요를 흥얼거리며 이 커피를 마시고 간다 하여 일명 '게릭 커피' 라고도 알려져 있다.

재 료	커피추출액 ½컵, 설탕 2작은술, 아이리시 위스키 20㎖, 휘핑크림 3작은술
방 법	1. 글라스에 설탕과 위스키를 넣는다. 2. 그 위에 커피를 천천히 붓는다. 3. 휘핑크림을 얹고 긴 스푼을 준비한다.

커피 사워 *Coffee Sour*

위스키가 들어간 아이스커피로 글라스의 입술이 닿는 부분에 레몬즙과 입자가 굵은 설탕을 묻히는 것이 특징이다.

재 료	아이스커피 원액 60㎖, 탄산수 60㎖, 레몬 주스 20㎖, 시럽 30㎖, 위스키 조금, 레몬 1조각
방 법	1. 차갑게 한 글라스를 거꾸로 해 입구에 레몬즙을 묻히고 입자가 굵은 설탕을 묻힌다. 2. 레몬 주스, 아이스커피 원액, 시럽, 위스키를 따른다. 위스키의 양은 취향에 따라 정한다. 3. 탄산수를 따른다. 거품이 올라오며 윗부분에 층이 생긴다. 4. 레몬으로 장식한다.

카페 로열 Café Royal

커피의 황제라 불리는 이 커피는 나폴레옹이 좋아했다고 하며, 푸른 불꽃을 피우는 환상적인 분위기의 커피이다. 주로 식후에 마시며 적당량의 코냑이나 브랜디를 커피에 섞이지 않도록 하여 어두운 공간에서 점화하면 멋진 분위기를 만들어 내기도 한다.

재 료	원두커피 120cc, 뜨거운 물 150cc, 브랜디 5cc, 각설탕 2개
방 법	1. 잔을 따뜻하게 데운 뒤에 따뜻한 커피를 붓는다. 2. 잔 위에 로열 스푼을 걸치고, 그 위에 각설탕을 얹는다. 3. 각설탕에 브랜디를 붓고, 불을 붙여서 각설탕을 녹인다. 4. 각설탕이 녹으면 커피에 붓고 잘 섞어 마신다.

러시안 커피 Russian Coffee

설탕 대신 잼을 넣는 러시안 티이다. 커피와의 상관성을 고려해 잼은 마멀레이드를 넣는다. 기호로 보드카를 넣음으로써 보다 품위 있는 커피로 변신한다.

재 료	커피추출액 1컵, 초코시럽, 보드카 약간, 마멀레이드 잼
방 법	1. 컵에 잼을 넣고 뜨거운 커피를 부어 젓는다. 2. 그 위에 보드카를 약간 넣는다. 3. 초코시럽을 뿌려 장식한다.

커피 펀치 Coffee Punch

일명 '스테미나 커피' 라고 부르는 메뉴로서 피로할 때 한 잔씩 마시면 피로가 풀리고 정신이 맑아진다.

재 료	커피추출액 $\frac{1}{2}$컵, 계랸노른자 1개, 꿀 20cc, 우유 60cc, 브랜디 약간
방 법	1. 글라스에 계란노른자와 꿀을 넣고 잘 혼합한다. 2. 그 위에 데운 우유를 붓는다. 3. 뜨거운 커피와 브랜디를 넣고 섞는다.

트로피컬 커피 *Tropical Coffee*

남국의 무드가 살아 있는 커피로 정열적인 이미지를 준다. 진한 밤색의 커피와 노란 레몬, 그리고 불꽃색의 조화가 커피의 맛을 더욱 돋우어 준다.

재 료	커피추출액 $\frac{1}{2}$컵, 설탕 2작은술, 화이트 럼 4온스, 둥근 레몬 1조각
방 법	1. 컵에 설탕을 넣고 커피를 따른다. 2. 레몬을 띄운 다음 레몬 위에 화이트 럼을 서서히 따른다. 3. 그 위에 살며시 불을 붙인다.

파리 로망스 Paris Romance

브랜디의 향기와 함께, 장미꽃이 커피잔 위에 돌면서 떠오르는 것이 일품이다.

재 료	커피추출액 $\frac{1}{2}$컵, 설탕 2작은술, 휘핑크림, 땅콩가루, 브랜디 약간
방 법	1. 글라스에 설탕과 브랜디를 넣는다. 2. 휘핑크림으로 장미꽃 모양을 연출한다. 3. 그 위에 커피를 천천히 따른다. 4. 땅콩가루를 뿌린다.

카페 칼루아 *Café Kahlua*

'칼라아'란 멕시코의 데킬라라는 술의 일종으로, 데킬라술의 향기와 커피의 맛이 어우러진 독특한 메뉴이다.

재 료	커피추출액 $\frac{1}{2}$컵, 칼루아 10㎖, 설탕 2작은술, 휘핑크림 적당량
방 법	1. 글라스에 설탕과 칼루아를 넣는다. 2. 그 위에 커피를 부은 다음 젓는다. 3. 휘핑크림을 띄운다.

카페 알렉산더 Café Alexander

아이스커피와 브랜디, 카카오의 향이 어우러진 가장 전통적인 분위기의 커피로서 주로 남성들이 즐기는 메뉴이다. 이 커피는 '알렉산더' 라는 칵테일에서 비롯되었다.

재 료	커피 추출액 50㎖, 설탕시럽 20㎖, 브랜디 10㎖, 크림 드 카카오 10㎖, 생크림, 얼음 적당량
방 법	1. 커피를 얼음과 함께 글라스에 붓는다. 2. 브랜디와 크림 드 카카오를 넣는다. 3. 생크림을 살며시 띄운다.

칵테일 커피(Cocktail Coffee)

커피로 만든 칵테일이다. 커피가 함유된 칵테일은 여러 가지 술과 부재료가 잘 어울려서 다양한 맛과 색상을 연출할 수 있다. 특히 쓴맛과 단맛의 조화는 여성뿐만 아니라 남성에게도 좋은 이미지로 받아들여지고 있으며, 밤에는 여유로운 시간도 연출시켜 주고 있다.

Coffee

칵테일이 수탉의 꼬리라구요?

칵테일(Cocktail)이라는 말을 그대로 풀이하면 수탉의 꼬리라는 말이 된다. 이 재미있는 칵테일의 어원에는 여러 설이 있으나, 그 중 국제 바텐더협회의 한 책에 실려 있는 그 어원을 찾아보면 다음과 같다.

옛날 멕시코의 유카탄반도의 칸배체란 항구에 영국 상선이 입항하게 되었는데, 영국선원들은 근처 술집으로 몰려가 술을 달라고 하였다. 그때 카운터에 있던 한 소년이 환영의 인사로 깨끗히 껍질을 벗긴 나뭇가지를 이용해 믹스트 드링크를 만들어 내놓았다. 이 믹스트 드링크는 당시 그 지방 사람들은 직접 만들어 마실 수 있을 정도로 널리 알려진 것이었다. 그러나 멕시코에서 처음으로 맛보게 된 영국 선원들에게는 이 보이드링크는 분명 진귀한 것임에 틀림 없었다.
이윽고 맛을 본 한 영국 선원은 그 맛이 너무 훌륭한데 반해, 소년에게 '이것을 무엇이라고 하나'고 물어보았다. 선원은 음료의 이름을 물어본 것인데, 소년은 그때 쓰고 있는 나뭇가지를 묻는 것으로 잘못 알고 "이것은 코라 데 가죠(Core de gallo)입니다."라고 말하였다.
코라 데 가죠란 스페인어로 '수탉의 꼬리'란 뜻이었다. 이 소년은 나뭇가지의 모양이 수탉의 꼬리와 비슷하게 닮은데 착안, 재치있게 별명을 붙여 대답했던 것이다. 이 스페인어를 영어로 직역하면 테일 오브 칵(Tail of Cock)이 된다.

그 이래로 영국 선원들 사이에서는 믹스된 드링크를 테일 오브 칵이라고 부르게 되었고, 후에 간단하게 칵테일이라고 부르게 되었다고 한다.

카프리 Cafri

커피의 향과 눈가루를 글라스 위에 바른 것처럼 로맨틱한 분위기를 연출시키는 칵테일이다. 오렌지와 레몬즙을 섞어서 글라스의 가장자리에 바른다.

재 료	코냑 30cc, 그랜마니엘 60cc, 카카오 15cc, 오렌지주스 15cc, 레몬주스 10cc
방 법	1. 기본 재료를 글라스에 붓는다. 2. 오렌지를 얇게 썬 다음 과육은 글라스 속에, 껍질은 글라스 가장자리에 장식한다. 3. 생크림을 띄우고 스피아민트를 장식한다.

아이레 레프레 커피 *Ire Refre Coffee*

커피의 쓴맛을 내는 칵테일이다. 빨간 열매를 장식하고 액세서리를 달고 잠시 색다른 분위기를 자아내는 것이 포인트이다.

재 료	진한 커피 90cc, 코냑 15cc, 보드카 15cc, 코안트로 2cc, 약간의 얼음
방 법	1. 재료를 쉐이커에 넣은 뒤 흔들어 준다. 2. 글라스에 따라 붓고 빨간 열매로 장식한다.

커피와 파인 칵테일 *Coffee and Pine Cocktail*

커피와 파인애플의 새로운 맛이 조화를 이루는 칵테일이다. 크래슈 아이스를 듬뿍 사용해서 청량감이 있다. 2개 층으로 이루어진 밝은 색의 만남이 멋진 분위기를 연출시킨다.

재 료	파인주스 120cc, 커피 14cc, 설탕 6g
방 법	1. 크래슈 아이스를 함께 믹서기에 갈아서 컵에 따른다. 2. 크림 드 카카오 15cc를 위에서 조용히 따라 붓고 스피아민트 잎으로 장식한다.

카페 코르덴(귀족의 커피) Café Cordon

휘젓는 것만으로 누구라도 간단하게 만들 수 있는 칵테일이다.

재 료	갈루아 45cc, 보드카 15cc, 오렌지 큐라소 30cc, 오렌지주스 30cc
방 법	1. 재료들을 글라스에 넣은 뒤 휘젓는다. 2. 크래슈 아이스를 글라스에 넣는다. 3. 꼬챙이 모양으로 자른 라임에 칵테일 핀을 찔러 위에 장식한다.

커피 리큐르 칵테일 *Coffee Liqueur Cocktail*

생크림을 넣어 부드러운 맛과 색을 갖고 있는 칵테일이다. 색의 단조로움을 피하기 위해 레몬조각과 체리를 장식하여 색채감을 느끼도록 장식한다.

재 료	꿀 4cc, 크림 드 카카오 45cc, 브랜디 45cc, 페르노 10cc, 생크림 10cc
방 법	1. 꿀을 쉐이커에 넣고 1스푼 정도의 끓인 물을 넣고 녹인다. 2. 얼음과 함께 나머지 재료들을 글라스에 따른다. 3. 레몬조각을 S자로 휘어서 체리를 가운데로 찔러서 장식한다.

토리플로트 커피 칵테일 *Torifloat Coffee Cocktail*

빨간 캄파리, 갈색의 커피, 흰색 크림의 3색의 층이 환상적이다.

재 료	캄파리 60cc, 커피 90cc, 생크림 30cc
방 법	1. 글라스에 캄파리를 넣고, 커피를 위에서 붓는다. 2. 생크림을 띄우고 스피아민트 잎으로 장식한다.

카페 디몬(악마의 커피) *Café Demon*

칵테일이라고 하면 차가운 드링크라고 하는 이미지가 강하지만, 이것은 따뜻한 칵테일이다. 짙은색, 스파이시한 맛과 향 때문에 '악마의 커피'라는 이름이 붙여지게 되었고, 더욱이 마녀가 만들었다고 전해지는 재미있는 음료이다.

재 료	진한 커피 80cc, 오렌지주스 30cc, 레몬주스 30cc, 브랜디 80cc, 트리플 섹 20cc
방 법	1. 재료들을 용기에 넣고 약한 불로 데운다. 2. 인화성의 글라스에 따라 붓고 시나먼 스티크를 2등분해서 넣는다. 3. 꼬챙이 모형으로 자른 레몬의 껍질에 클로브(Clove)를 2장 찔러 넣고 글라스 둘레에 장식한다.

커피와 민트 후레임보우 *Coffee and Mint Flambeau*

민트에서 나는 상쾌한 맛과 커피의 쓴맛이 어울리는 색다른 맛이다. 스트로와 함께 바 스푼을 꽂아서 마시면 더욱 분위기를 낼 수 있다. 디저트용으로도 즐겨 애용되고 있다.

재 료	커피 60cc, 크림 드 카카오 15cc, 크림 드 민트(흰색) 30cc, 체리
방 법	1. 커피를 글라스에 따라 붓는다. 2. 생크림과 크림 드 민트(녹색)를 혼합하여 그것을 위에서부터 붓는다. 3. 체리로 장식한다.

Coffee

커피, 그 신비의 열매

커피의 기원

커피의 기원에 대한 설은 크게 두 가지이다. 에티오피아 고원 발견설과 오마의 발견설인데, 에티오피아 발견설이 거의 정설로 받아들여지고 있다.

커피가 문헌상에 처음 언급된 것은 A.D 900년경으로 아라비아 내과 의사인 라제스(Rhazes)의 의학서적에 기록되어 있다. 커피는 처음에는 유목민족이 철마다 이동할 때 필요한 음식을 만드는 재료로 쓰였다. 그리고 술, 의약품을 거쳐 음료로 사용되어졌는데, 그 시기는 A.D 1100년경이었다.

에티오피아의 발견설

에티오피아의 고원 아비시니아에 전해지는 이야기로, 양치기 칼디가 양떼들이 흥분 상태로 뛰노는 것을 보고 그 원인을 조사해 본 결과, 목장 근처의 나무에서 빨간 열매를 먹었기 때문이라는 것을 알아내었다. 이 사실을 수도원 원장에게 알려 열매를 따서 끓여 먹어 보니 전신에 기운이 솟는 것을 느꼈고, 다른 제자들도 같은 경험을 하게 되었다. 그 후 그 소문이 각지에 퍼져 동양의 많은 나라들에게 전파되고 애용되어 오늘에 이르렀다는 설이다.

오마의 발견설

이슬람 나라 아라비아에서 전해지는 이야기로, 오마는 아라비아 모카의 수호성주 세크칼데의 제자로, 중병에 시달리는 성주의 딸을 치료한 후 그 공주를 사랑하게 된다. 그러나 그것이 발각되어 오자브라는 지방으로 유배당하는데, 그곳에서 우연히 커피를 발견한다. 그 후 오마는 이를 의약제로 사용하여 큰 효과를 발휘, 이로 인해 면죄를 받아 고향에 돌아간 후 커피를 전파하여 널리 퍼졌다는 설이다.

커피는 3년 내지 4년 정도 자라면 꽃을 피우고 열매를 맺는다. 봄에 핀 커피꽃은 바람이나 곤충에 의해 수정된 뒤 흑록색 열매를 맺으며 자라는 동안 노랗게 변했다가 9개월 정도 지나면 붉게 익어 수확할 수 있게 된다.

커피의 역사

1683년 오스트리아 빈의 제1호 커피점이다. 터키군이 남겼던 커피종자를 넘겨 받아 문을 열었다.

커피나무의 원산지는 에티오피아가 정설로 받아들여지고 있으나 오늘날처럼 마시는 음료로 발전한 곳은 아라비아 지역이다. 역사적인 기록에 따르면 1000년경 이미 커피를 볶아 삶은 물을 마시고 있었다. 즉 에티오피아를 발원점으로 홍해를 건너 아라비아 지역에 뿌리를 박고 조용히 그 향을 주변 나라로 퍼뜨린 것이다. 그리고 중앙 아시아의 터키에 이르러 음료로서 자리를 잡게 된 것이다.

이때까지만 해도 커피의 재배는 아라비아 지역에만 한정되어 있었고, 이슬람교 세력의 보호를 받아 다른 지역으로 커피의 종자가 나가지 못하도록 했으며, 이는 커피의 가공법이 발달하게 된 결정적인 계기가 되었다.

터키에서 유럽대륙으로 퍼져 나간 커피는 비약적인 발전을 이루었다. 처음에는 이슬람 세계에서 전래된 것이라 하여 이교도 음료로 배척했으나, 결국에는 종교의 벽을 뚫고 점차 유럽 전역에 퍼지게 되었다.

현재 세계 최대의 커피 생산국인 브라질에 커피가 전해진 것은 1727년경으로, 사랑에 빠진 프랑스령 가이아나 총독 부인이 포르투갈 연인과 헤어질 때 그에게 보낸 꽃다발 속에 커피나무를 숨겨 선물한 것이 시초라고 알려져 있다. 사실 여부는 확인할 수 없지만, 브라질은 그 토양과 기후가 커피재배에 매우 적합하여 곧 세계에서 제일 가는 커피 생산국가가 되었고 주변 남미국가에 퍼지게 되었다.

우리 나라에 커피가 소개된 것은 이른바 아관파천 무렵 1895년경 러시아 공사관에서 고종황제가 마신 것이 처음으로, 그 후 독일의 손탁이라는 여인이 중구 정동에 커피점을 차린 것이 효시이다. 개화기와 일제시대에는 서울의 명동과 충무로, 소공동, 종로 등에 커피점들이 자리잡기 시작하였으며, 6 · 25전쟁을 거치면서 미군부대에서 주로 공급되던 원두커피 및 인스턴트 커피를 계기로 커피의 대중화가 이루어지게 되었다.

◀ 18세기 후반 프러시아의 프리데릭 대왕은 통화의 국외유출을 방지하기 위하여 커피금지령을 포고했다.

커피의 전파경로

커피가 세계 각국으로 전파되었던 시기는 17세기를 전후한 제국주의 시대에 유럽 각국이 새로운 항로를 발견하고 식민지를 개척하면서 커피나무를 심기에 적합한 지역들을 발견한 때부터이다.

1670년경 루이 14세는 커피를 아주 좋아해 해마다 네덜란드에서 왕실 전용 커피를 수입하였다고 한다. 그리고 1713년 유트레히트 조약이 체결된 기념으로 암스테르담 시장은 루이 14세에게 커피 묘목을 바치기도 하였다. 이 묘목은 네덜란드 식물원에서 재배한 것이었다.

커피나무는 아라비아 지역에서만 재배되고 생산되었는데, 어떻게 네덜란드가 커피를 수출하고, 또 자국식물원에서 재배할 수 있었을까? 이것은 바로 인도의 바바 부단(Baba Budan)이란 사람 때문이었다. 바바 부단은 이슬람교 승려로서 성지 순례

차 아라비아에 왔다가 돌아갈 때 커피종자 일곱 알을 몰래 숨겨 나와서는 자기 집 근처의 땅에 심었다. 그곳은 인도 남부의 치카말라구르(Chikamalagur)라는 지역인데, 여기서 싹이 나고 무럭무럭 자라 빨간 열매가 맺혔고, 곧이어 인도 전체로 퍼져 나갔다.

그 뒤 네덜란드인은 인도의 말라바르와 실론 섬에서 소규모의 커피농장을 경영하였다. 그리고 1700년경이 되자, 네덜란드는 인도에 만족하지 않고 인도산 커피묘목을 자바에 옮겨 심어 재배에 성공하였다. 그 뒤 1706년에 자바의 묘목을 본국의 암스테르담 식물원에 보냈고, 여기서 재배한 나무에서 보다 우수한 종자가 열리게 되었다. 이를 계기로 암스테르담 식물원은 본격적으로 커피나무를 연구하기 시작한 결과, 오늘날 커피나무의 세계 종묘원의 원조격이 되었다.

한편, 네덜란드에서 커피묘목을 받은 프랑스 루이 14세는 묘목을 왕실 식물원에 심게 하고, 왕궁의 식물학자를 관리자로 두었다. 그리고 프랑스령 식민지에 옮겨 심으라는 명령을 내리기까지 하였다.

그 첫 상륙지는 아프리카의 부르봉 섬(Bourbon I.; 지금의 레위니옹 섬 Réunion I.)이다. 이곳에서 자란 나무가 후에 브라질 땅에 옮겨져 '부르봉 산토스'라는 고급 커피로 탄생하게 되었다. 그리고 몇 년 뒤 서인도 제도의 마르티니크 섬(Martinique I.)에도 마츄 드 클리외(Chevalier Gabriel Mathiew de Clieu)라는 사람에 의해 커피나무가 심어졌다. 그는 콜럼버스가 신대륙 아메리카를 발견한 일만큼 커피의 역사에서 빼놓을 수 없는 인물로 꼽히는 사람이다.

프랑스, 네덜란드뿐만 아니라 영국, 포르투갈, 에스파냐 등 17~18세기에 제국주의 정책으로 식민지 쟁탈에 온 힘을 기울인 나라들은 모두 커피묘목을 이식하는데 여념이 없었다.

그 결과 아라비아의 아라비카 원종은 차츰 변하여 다양한 품종으로 되었다. 왜냐하면 한정된 지역에서 거의 같은 조건에서 자라는 식물과 토양이 다른 지역에서 자라는 식물이 다르기 때문이었다. 그래서 커피원두의 맛은 어디에서 생산되는냐에 따라 달라지게 된다.

그리고 1850년에 이르기까지 커피나무는 곳곳에 심어져 일명 커피 존 또는 커피 벨트라 불리는 지금의 커피지대가 형성되었다. 1850년경 멕시코와 서인도산의 커피나무가 중앙 아메리카 각지에 심어진 뒤 커피나무의 이식시대가 막을 내린다. 그 이유는 실론, 자바에 병충해가 만연하여 그때까지의 아라비카종이 전멸하였기 때문이다. 이를 계기로 아프리카의 서남 해안지대에서 재배되었던 로브스타종이 새로 이식되기 시작하였다.

한편 세계에서 가장 큰 커피 소비국인 미국에는 콜럼버스가 신대륙을 발견한 이래로 유럽인들이 행운을 찾기 위해 신대륙으로 몰려오면서 비로소 미국의 커피역사가 시작되었다.

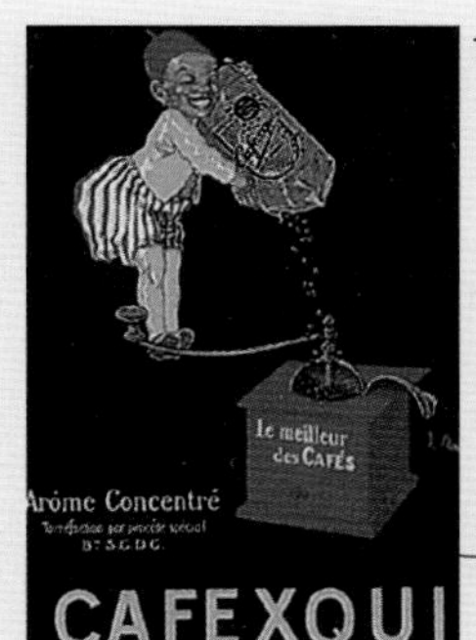

1685년 아르메니아인 요하네스 디아트가 오스트리아에서 20년 동안 커피하우스를 경영할 수 있는 허가를 얻다.

1660년 커피, 프랑스 마르세유에 상륙, 4년 후 루이 14세가 처음으로 커피를 마시게 된다.

1715년 네덜란드인이 가이아나에 커피나무를 심다.
이로써 커피나무가 아메리카에 처음 소개되다.

1723~1852년 남미에 커피재배가 확산되다.

1760년 몇 그루의 커피묘목이 자바에서 암스테르담으로 운반되다.

1720년 프랑스 해군제독 클리에가 가져온 커피묘목을 마르티니크 섬에 심다.

1718년 네덜란드인이 가이아나에서 커피를 재배하(고)
수십년 후에는 이같은 건조작업을 어느 곳(에서)
나 볼 수 있게 된다.

커피의 전파경로

현재 전세계 커피의 상당량이 중남미에서 생산되고 있다.

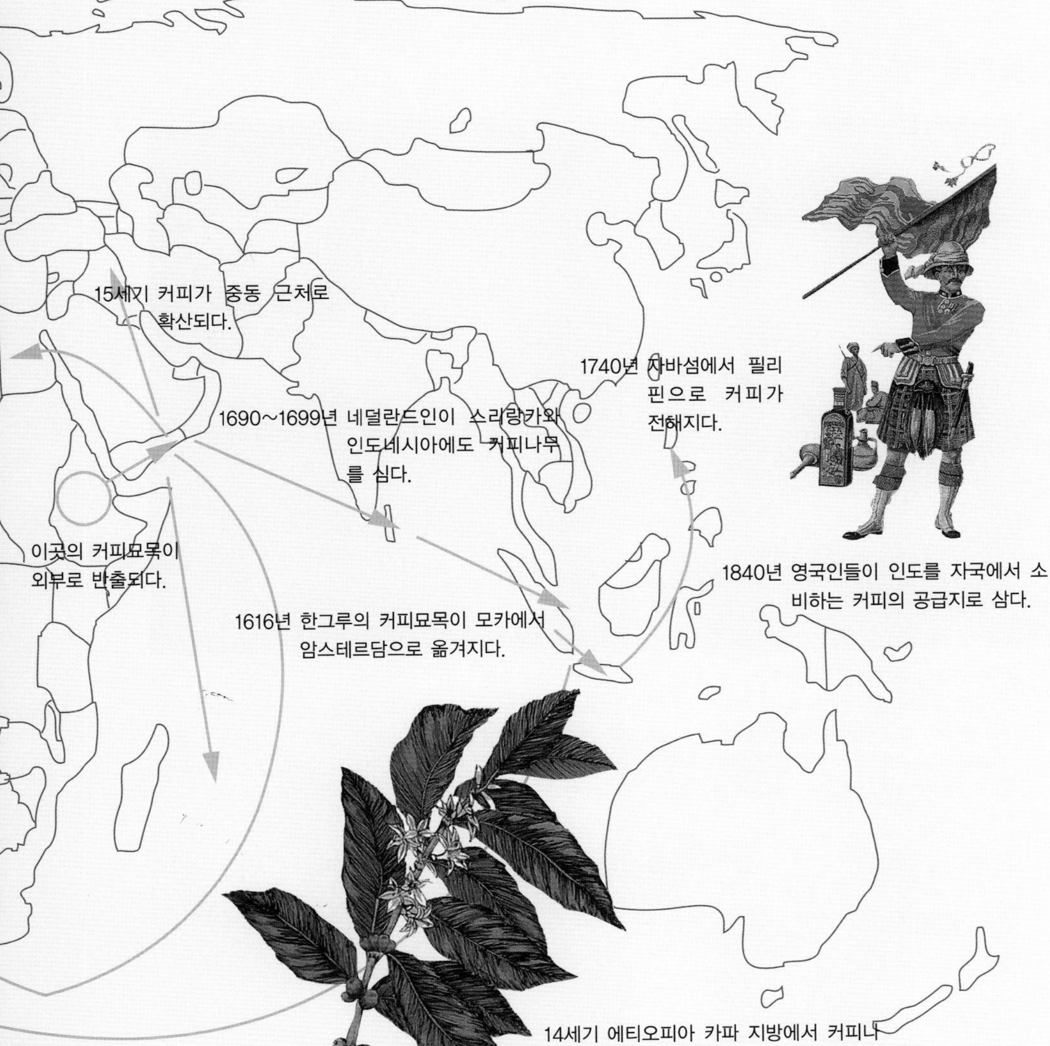
15세기 커피가 중동 근처로 확산되다.
1740년 자바섬에서 필리핀으로 커피가 전해지다.
1690~1699년 네덜란드인이 스리랑카와 인도네시아에도 커피나무를 심다.
이곳의 커피묘목이 외부로 반출되다.
1840년 영국인들이 인도를 자국에서 소비하는 커피의 공급지로 삼다.
1616년 한그루의 커피묘목이 모카에서 암스테르담으로 옮겨지다.
14세기 에티오피아 카파 지방에서 커피나무는 흔히 볼 수 있는 야생식물의 하나였다.

커피의 재배

커피나무

안데스 산맥 기슭의 커피농장
기후와 토양에 매우 민감한 커피나무는 고원의 온화한 기후와 풍부한 강수량, 배수가 잘되는 비옥한 대지에서 잘 자란다. 재배지의 기후조건이 좋을수록 열매는 서서히 자연스럽게 익어 커피 고유의 맛과 향이 더욱 진하고 풍부해진다. 커피나무는 씨를 뿌려 묘목을 길러낸 뒤 두 번 이상의 이식과정을 거쳐 최종 경작지인 커피농장에 심어진다. 그리고 5년이 지나면 상품화가 가능한 열매를 수확할 수 있다.

보통 커피콩이라고 부르고 있지만, 확실히 콩의 형태는 아니다. 커피라고 하는 나무의 열매종자인 것이다.

이 커피나무의 식물학상의 분류는 천초과(꼭두서니과)에 속하는 상록관목이다. 수십 종류가 있지만, 오늘날 음용을 목적으로 재배되는 커피의 품종은 총 16개로, 르네상스 이후 각 분야에 대한 연구가 활발하게 이루어지던 1733년 스웨덴 박물학자인 린네에 의해 분류된 것이다. 이 중 현재 상업적으로 재배되고 있는 커피품종은 3가지로 3대 원종이라 불린다.

아라비카종(Coffee Arabica : Arabian Coffee)

에티오피아가 원산지이다. 해발 500~1,000m 정도의 고지대, 기온 15~25℃에서 잘 자라며, 병충해에는 약한 반면 미각적으로 대단히 우수하다. 성장속도가 느린 것이 단점이나 향미가 풍부하고 카페인 함유량이 로브스타종보다 적다.

현재 전세계 산출량의 약 70%를 점한다. 생산국은 브라질, 콜롬비아, 멕시코, 과테말라, 에티오피아, 하와이, 인도 등으로 대부분의 커피 재배권에서 생산된다.

로브스타종(Coffee Robusta : Wild Congo Coffee)

콩고가 원산지이다. 평지와 해발 600m 사이의 저지대에서 재배되며, 병충해에도 강한 특성이 있어 20세기 초 적극적으로 재배되기 시작하였다. 성장이 빠른 정글식물로 자극적이고 거친 향을 내지만 경제적인 이점으로 인스턴트 커피에 많이 사용된다. 전세계 산출량의 30%를 점하고 있으며, 생산국은 인도네시아, 우간다, 앙골라, 콩고, 가나, 필리핀 등이다.

라이베리아종(Coffee Liberia : Liberian Coffee)

라이베리아가 원산지이다. 뿌리가 깊어 저온이나 병충해에도 강하고 100~200m의 저지대에서도 환경 적응력이 매우 강하다. 그러나 향기와 맛이 좋지 않아 산지에서 약간 소비될 뿐 거의 산출되지 않고 있다. 생산국은 수리남, 라이베리아 등이다.

커피나무는 어떻게 자랄까?

커피는 일반적으로 따뜻하고 습한 기후에서 잘 자란다. 즉 열대성 기후로 강우량이 많아야 하는데, 이런 지역은 보통 우기와 건기가 뚜렷해 우기에는 커피가 자라는데 적당한 비가 충분히 내리지만 건기에는 날씨가 따뜻한 반면 습도가 낮아 건조해지기 쉽다. 따라서 커피 재배지는 고원, 특히 햇볕에 장시간 노출되지 않는 경사지가 좋다. 실제로 커피의 주생산지가 해발 1,500~2,000m의 고산지대임이 이를 뒷받침한다.

이와 달리 1,000m 내외의 저지대 평지에서는 직사광선에 노출되지 않도록 커피나무가 심어진 고랑마다 일정한 비율로 잎이 크고 넓은 바나나 나무를 심는 혼합재배방식을 이용하기도 한다. 이는 커피나무의 성장을 방해하는 지나치게 강한 햇볕을 차단할 뿐만 아니라 저지대의 차가운 공기와 서리를 방지하는 데에도 효과가 있다.

현재 커피가 생산되는 아시아(인도, 인도네시아, 아라비아, 파푸아뉴기니 등), 중남미(브라질, 콜롬비아, 베네수엘라, 멕시코, 자메이카 등), 아프리카(에티오피아, 라이베리아, 탄자니아 등) 각 지역을 보면 공통적으로 열대 또는 아열대 기후를 보인다. 이런 지역이야말로 커피재배에 필요한 여러 가지 기후나 토양조건을 가장 잘 갖추고 있는 곳이다. 위도상으로 보면 북위 25도에서 남위 25도 사이의 지역이 이에 해당되는데, 이처럼 커피는 환경에 민감해 지도를 펴놓고 보면 재배지역이 일정한 띠를 형성하고 있다. 오늘날 흔히 '커피 벨트(Coffee Belt)' 또는 '커피 존(Coffee Zone)' 이라 부르는 곳은 바로 이 지역을 일컫는 말이다.

상업적으로 재배되는 커피나무는 씨를 뿌려 묘목을 길러낸다. 모판을 만들어 씨를 뿌리면 2개월쯤 뒤에 싹이 나오며, 8개월쯤 지나면 흙을 담은 조그만 상자나 비닐봉지에 묘목을 옮기는데, 이같은 이종과정을 두 번 정도 거쳐 최종 경작지인 커피농장에 심어지게 된다.

이식된 커피나무는 3년 내지 4년 정도 지나면 꽃을 피우고 열매를 맺는데, 상품화

가 가능한 성숙된 열매를 수확하려면 5년 이상 자라야 한다. 봄에 핀 커피꽃은 바람이나 곤충에 의해 수정된 뒤 흑록색의 열매를 맺으며, 9개월 정도 지나면 붉게 익어 수확할 수 있게 된다.

커피나무는 그냥 자라도록 내버려둘 경우 6~10m(종에 따라 다름)까지 자라지만 알찬 열매를 수확하기 위해 대략 2m 크기로 전지한다. 5년이 지난 성숙된 커피나무는 그 후 20년 동안 수확이 가능하며, 한 그루당 2,000개 정도의 열매를 채취할 수 있는데, 이는 가공된 커피 500g에 해당되는 양이다.

고산지대의 비탈에서 재배되는 커피열매는 일일이 사람의 손으로 채취해야 한다. 반면 평지의 경우에는 트랙터와 같은 커피수확기계가 고랑 사이를 지나며 나무를 흔들어 열매를 떨어내는데, 이 경우 채 익지 않은 열매가 떨어지기도 해서 효율성은 있지만 품질은 낮아진다.

대표적으로 생산되는 곳은 콜롬비아이다. 콜롬비아 중서부 리사랄다의 주도(州都)인 페레이라(Pereira)와 북쪽의 마니살레스(Manizales) 지역은 콜롬비아 내에서도 가장 질 좋은 커피가 생산되는 곳으로 꼽힌다. 이 나라의 커피산업을 주도하는 커피산지인 이곳은 안데스고원의 온화한 기후, 연간 1,500mm 이상의 강우량, 화산재가 퇴적되어 형성된 비옥한 대지 등 그야말로 기후적 요소와 토양에 민감한 커피나무가 자라는 데 최적의 조건을 갖추고 있다. 커피는 재배지의 기후조건이 좋을수록 서서히 그리고 자연스럽게 익어 감으로써 특유의 맛과 향이 더욱 진하고 풍부해진다. 오늘날 다양한 품종이 개량되었음에도 불구하고 커피원두의 맛이 어디에서 생산되느냐에 따라 달라지는 것도 이 때문이다.

커피나무의 성장과정

❶ 비옥한 흙과 비료를 섞어 묘판을 만들고 내피상태의 커피종자를 뿌린다. 종자를 2개 뿌리는 경우도 있다.

❷ 종자를 뿌린 뒤 40~60일 정도 지난 후에 싹이 나온다.

❸ 내피가 덮힌 상태에서 줄기가 나온다.

❹ 내피를 뚫고 잎이 나온다.

❺ 기후 · 풍토에 따라 다르나, 발아하고 나서 20~30일 만에 떡잎이 나온다.

❻ 종자를 파종하고 나서 약 5개월 후의 묘목 · 종자를 뿌린 후 약 10개월째에 농원으로 이식한다.

❼ 커피농원으로 이식해서 3개월, 종자를 파종한 뒤 약 10개월째의 커피나무

❽ 식수 후 2년 경과한 커피나무

❾ 종자를 파종하고 나서 약 1년 후에는 최초의 꽃이 피고 열매도 조금 열린다.

❿ 3년 경과한 커피나무. 3년째부터 다량의 수확이 가능하다.

⓫ 커피 꽃은 잎이 붙어 있는 뿌리에 군생해서 핀다.

⓬ 빨갛게 여문 커피 체리. 과육은 은은한 단맛이 난다.

품종으로 본 나라별 커피

카페문화라는 말이 생겨날 정도로 유럽인들에게 사랑을 받고 있는 커피지만 세계인의 음료 중 가장 사랑을 받고 대중화되어 있는 커피의 생산지는 극히 제한적이다. 커피나무는 세계 어느 지역에서 재배될 수 있는 것이 아니며 그 나라의 기후, 토질, 위도 등 지리적인 요소가 제한되어 있으며, 가장 적당한 커피재배 지역으로는 남·북회귀선 사이의 열대지방이다.

블루마운틴이라든가 모카 또는 만데링이라는 커피이름은 생산지의 명칭이나 커피가 적출되는 항구의 이름을 따서 상징적으로 붙인 것으로, 이들 커피는 각국의 다른 기후나 토양조건에서 재배되는 동안에 여러 특성을 갖게 되며, 독특한 성분도 나름대로의 특이성을 갖고 있다.

커피재배 지역은 적도를 중심으로 남·북회귀선까지이다.

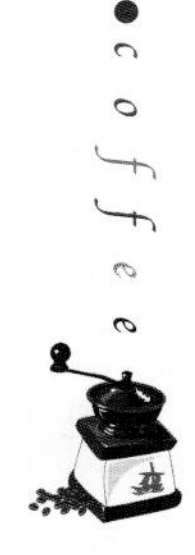

현재 커피를 생산하는 각국의 특징과 그들 유명산지 커피의 특이성을 살펴보면 다음과 같다.

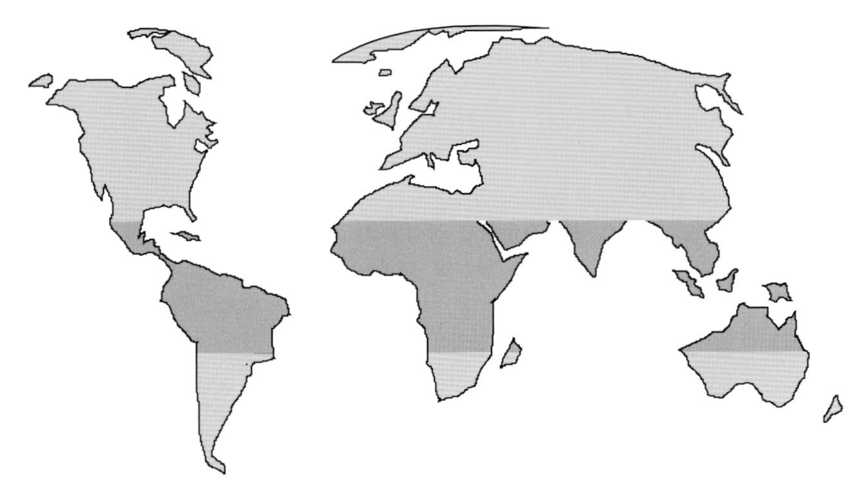

주요 커피 생산지

아프리카	중남미		아시아태평양	서인도제도
라이베리아	멕시코	콜롬비아	아라비아	쿠바
탄자니아	엘살바도르	베네수엘라	인도	자메이카
우간다	온두라스	에콰도르	인도네시아	하이나
에티오피아	니카라과	페루	파푸아뉴기니	도미니카
	코스타리카	브라질		

오늘날 커피생산 지역을 보면 북위 25도에서 남위 25도 사이에 몰려 있는데, 이 지역을 '커피 벨트' 또는 '커피 존'이라 일컫는다.

브라질(Brazil)

커피의 생산국을 크게 나누면 라틴아메리카군과 아프리카군으로 분류된다. 그 중

세계 총생산량의 80%를 차지하는 것이 라틴아메리카제국이다.

이들 라틴아메리카군들 중 커피가 가장 많이 생산되는 국가는 브라질로 위도상으로나 토질, 기후적인 면에서 커피재배에 이상적인 조건을 갖추고 있다. 세계 총생산량의 50%를 차지하는 브라질 커피는 세계시장을 가장 넓게 점유하고 있다. 브라질 커피는 품질에 따라 산토스, 미나스, 리오, 빅토리아 등으로 구별된다.

● 산토스(Brazil Santos) ●

브라질 커피의 최상급품으로 상파울루 주의 산토스로부터 수출되는 커피이다. 이 중 부르본 산토스는 뛰어난 품질로 정평이 나있다. 원두는 약간 작은 편으로 콩에 빨간 줄무늬가 있는 것이 특징으로, 맛은 순하지만 신맛이 약간 있고 향기가 높다. 배합용 커피의 기본품으로 많이 쓰이며, 혀의 감촉이 부드럽고 풍미가 고른 우수한 품종이다.

콜롬비아(Colombia)

브라질 다음가는 커피 생산국으로 세계시장에서 우수한 품질로 인정을 받고 있다. 원두가 크고 골라서 브라질 커피와 비교하면 같은 양을 추출해도 25% 정도 더 많이 나온다. 대부분 아라비아 품종으로 명칭은 산지에 따라 메델린, 보고타, 아르메니아 등으로 구분된다.

● 콜롬비아 메델린(Colombia Medellin) ●

마일드 커피의 대표적 품종으로 달콤한 향기와 신맛이 특징이다. 남성적인 품격의 커피이기 때문에 모카를 '귀부인'이라고 부른다면, 메델린은 '왕'이라 불릴 정도로 맛이나 모든 면에서 품질이 우수하다.

베네수엘라(Venezuela)

마일드 커피의 우수품으로 정평이 나있다. 국가적인 차원에서 커피산업이 장려되고 관찰되기 때문에 좋은 품질의 커피가 생산되고 원두가 크고 향도 좋다. 카라카스, 다치라, 마라가이브 등이 있다.

멕시코(Mexico)

18세기 말경 서인도로부터 커피의 재배방법을 배워, 현재 멕시코는 중남미에서 대표적인 커피 생산국으로 꼽힌다. 커피의 대량 소비국인 미국과 인접해 있기 때문에 다른 나라에 비해 일찍 커피 산업국으로 번창할 수 있었다. 베라크루쯔, 오리자바, 코르도바 등의 커피가 유명하며 격조 높고 상쾌한 산미가 특징이다.

엘살바도르(El Salvador)

국토는 작으나 대규모의 커피농장이 있어 중앙아메리카 제국 중에서는 최대의 생산량을 자랑한다. 국토의 대부분이 산악지대이며 기후조건도 적합해서 전국에서 커피재배가 가능하다.

보통 살바도르 커피라 명칭되며, 원두가 고르고 아름다운 녹색을 띠고 있을 뿐 아니라 감미도 풍부하다.

과테말라(Guatemala)

전국토에서 커피재배가 가능하며 중앙아메리카에서 제일가는 품질을 자랑한다. 품종은 고산지대에서 아라비카종, 저지대에서는 부르본종이 생산된다. 부드럽고 순한 향기와 격조 높은 풍미, 강한 신맛이 있는 반면 조금 떫은 맛이 있다. 배합할 때 개성을 갖게 하는 데 사용하면 좋다.

코스타리카(Costarica)

대서양과 태평양의 양측에 걸쳐진 중앙고원지대에서 커피가 재배되며 영국으로 많이 수출된다.

자메이카(Jamaica)

카리브해의 중간쯤 쿠바 남쪽에 있는 이 섬은 커피 애호가들에겐 꿈의 섬이다. 섬 전체가 1,000~2,500m의 고지대여서 커피품질이 뛰어나고 그 우수성은 세계적으로도 유명하다.

자메이카의 커피는 보통 블루마운틴 커피라고도 불리며, 원두의 색상은 담청색, 단맛과 신맛, 쓴맛이 적당히 조화를 이루어 커피의 왕자로 군림하고 있다.

블루마운틴(Blue Mountain)

세계를 통틀어 가장 품질이 좋고 맛이 있는 커피로 표현될 만큼 유명한 커피이다. 자메이카섬 동부의 2,500m 고지대에서 생산되고 있으며, 이 커피는 태양빛이 자메이카섬 전체에 바다의 푸른 빛깔을 반사시켜 산 전체가 푸른 바다로 보인다 해서 붙여진 이름이다. 영국의 왕실 커피로 선전되어 더욱 유명해졌으며, 뛰어난 맛과 향기로 귀한 대우를 받지만 산출량이 적어 국내에선 진품을 구입하기가 어렵다.

인도네시아(Indonesia)

커피가 서양으로 전파되는 데 주역을 담당했던 인도네시아는, 과거의 유명한 아라비카종은 모두 없어지고 지금은 아프리카로부터 이식해 온 로부스타종이 재배되고 있다. 수마트라섬에서는 아직도 우수한 아라비카종이 생산되는데, 이것을 보통 만데링이라 불린다.

● 만데링(Mandheling) ●

인도네시아가 원산지로 원두는 보통보다 큰 편이고 갈색을 띤다. 신맛과 쓴맛이 고르게 조화되어 있으며 동양의 대표적인 커피로 스트레이트로 마셔도 좋고 배합해서 마셔도 좋다.

아라비아(Arabia)

커피의 음용이나 수출 면에서 가장 오랜 역사를 가진 아라비아의 커피는 특히 유럽인의 기호에 잘 맞아 귀하게 여겨지고 있다. 아라비아의 모카 커피는 남아라비아나 산악지대에서 재배된다.

에티오피아(Ethiopia)

아라비카종 커피나무의 원산지로 알라타 지방에서 생산되는 커피는 알라타 모카라 불린다. 맛이 순수한 모카에 가깝고 신맛이 강한 편이다.

● 에티오피아 모카(Ethiopia Mocha) ●

세계 일류급의 커피로 단맛, 신맛, 짙은 맛을 내며, 독특한 향기가 있다. 달콤한 모카 특유의 맛은 '커피의 귀부인'으로 다른 종류의 커피와 배합을 해도 모카 고유의 맛이 살아있다.

탄자니아(Tanzania)

20세기에 들어와 커피재배가 시작되었으며 아라비카, 로브스타 2종이 재배되고 있다. 킬리만자로 산록에서 생산되는 킬리만자로가 유명하며, 신맛과 쓴맛이 잘 조화된 우수한 품종이다.

● 콜롬비아 메델린(Colombia Medellin) ●

모카와 콜롬비아를 배합한 것 같은 특징이 있으며, 스트레이트용으로 많이 쓰인다. 쓴맛과 신맛이 강하고 품위 있는 커피로 특히 향기가 일품이다.

커피는 원두의 고유한 향이나 맛에 기준을 두어 품종을 구분도 하지만 배전(roasting)에 따라 커피의 개성은 약간씩 변한다. 즉 커피의 생두 내부에 변화가 오게 되어 맛이 달라지게 된다. 이는 커피의 생두가 생산지에 따라 그 독특한 성격이 달라 고유의 맛을 그대로 살리려면 배전방법도 달라지기 때문이다. 배전에 적당한 온도는 200~250℃ 사이지만, 이 온도는 커피 생두의 종류에 따라 달라지게 된다.

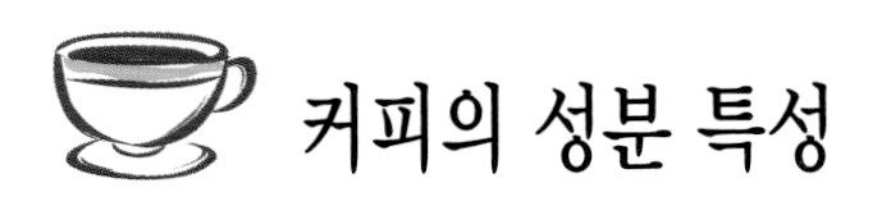

커피의 성분 특성

커피의 맛과 향을 좌우하는 것은 물론 커피의 모체인 원두이다. 커피두(豆)는 일반 다른 종실과 거의 비슷한 성분을 갖고 있다. 그 중에서 특이한 성분으로는 카페인과 볶는 과정 중에 생성되는 우량한 방향 성분이다. 그리고 커피의 성분은 품종숙성도 가공처리 과정에 따라서 차이가 있으며, 절대적인 수치를 낼 수는 없지만 커피성분 분석의 일례를 보면 다음 표와 같다.

원두를 약하게 볶으면 연한 다갈색을 띠게 되며, 이것으로 만든 커피는 신맛이 강하고 맛이 부드러운 특징을 가진다. 그리고 강하게 볶을수록 짙은 흑갈색을 띠며 쓴맛이 강해진다. 커피에서 쓴맛, 신맛, 단맛, 떫은 맛을 모두 느낄 수 있는데, 커피는 이들 맛이 서로 조화를 이루어야 하는 아주 예민한 음료이다.

이미 밝혀진 바에 따르면 쓴맛은 카페인에서, 떫은 맛은 탄닌에서, 신맛은 지방산에서, 단맛은 당질에서 비롯된다고 한다. 커피에는 일반 성분으로서 수분, 카페인, 조단백질, 에테르 추출물, 조지방, 당질, 조섬유, 회분 등이 함유되어 있으며 휘발 성분인 휘발성 유기산도 존재한다.

커피 속에는 몇 개의 성질이 다른 지방이 상당량 들어 있는데, 그 중의 하나가 지방산이다. 이것은 커피의 신맛을 결정하고, 공기에 닿으면 화학반응을 일으켜 커피맛을 변화시키는 성분이다.

커피의 성분표(배전두 100g 기준)

성분 \ 형태	배전두	커피액
수분(g)	2.2	99.5
단백질(g)	12.6	0.2
지질(g)	16.0	0.1
탄수화물(g)		
당질	46.7	0
섬유질	9.0	0
회분(g)	4.2	0.1
무기질(mg)		
칼슘	120	3
인	170	4
철	4.2	0
나트륨	3	2
칼슘	2000	55
비타민		
A(μg)	0	0
B_1(mg)	0	0
B_2(mg)	0.12	0.01
니아신(mg)	3.5	0.3
C(mg)	0	0
비고	카페인 1.3% 탄닌 8.0%	드립식 추출액 레귤러커피 10+150의 뜨거운 물 카페인 0.04%, 탄닌 0.06%

커피원두별 지방산 종류(%)

종류 \ 품종	아라비카종(브라질)	
	생 두	배전두
팔미트산	35.1	34.3
스테아르산	8.4	8.6
올레산	9.7	10.8
리놀레산	37.0	39.5
리놀렌산	7.5	7.8
기 타	2.3	3.0

이러한 산화작용 때문에 커피원두(특히 배전두)와 추출액을 보관할 때에는 각별한 주의가 필요하다.

각종 지방산 중에서도 커피에 들어 있는 지방산은 포화지방산인 팔미트산과 스테아르산, 불포화지방산인 올레신과 리놀레산이다. 특히 우리 몸에 꼭 필요한 필수지방산인 리놀레산이 상당량 들어 있다.

커피의 품질을 결정 짓는 중요한 요소인 향은 휘발성 유기산에서 비롯된다. 이것은 원두를 배전하는 동안에 생기는 향 성분의 전구물질로서 아세톤, 이메틸푸란, 피리딘, 푸르푸랄, 피롤 등이 그것이다.

원래 커피생두 자체에는 향이 없으나 이것을 일정한 조건에서 가열하면, 원두 내부에서 이화학적 변화, 즉 메일라드 반응(아미노산과 환원당이 일으키는 반응)이 일어나 커피 특유의 향이 생기게 된다.

커피의 향 성분

휘발성 유기산 종류	특 성	비 고
아세톤 (acetone)	달콤한 향	커피 에센스의 약 20% 차지
이메틸푸란 (2-methyl furan)	에테르 향	배전하는 동안 환원당이 분해되어 생긴 물질
피리딘 (pyridine)	자극적인 맛, 쓴맛	배전하는 동안 트리고넬린이 분해되어 생긴 물질
푸르푸랄 (furfural)	단향	회석액에서 단향을 갖는다.
피롤 (pyrrole)		트리고넬린이 열을 받아 만들어 내는 물질

맛에 의한 주요 커피의 분류

맛	생산지별 커피
신맛	모카, 킬리만자로, 코스타리카, 멕시코
단맛	콜롬비아, 과테말라, 멕시코, 온두라스
쓴맛	자바, 로브스타
감칠맛	콜롬비아, 과테말라, 멕시코, 킬리만자로
향기	모카, 콜롬비아, 과테말라

Coffee

커피잡학

나라마다 다른 커피 이름

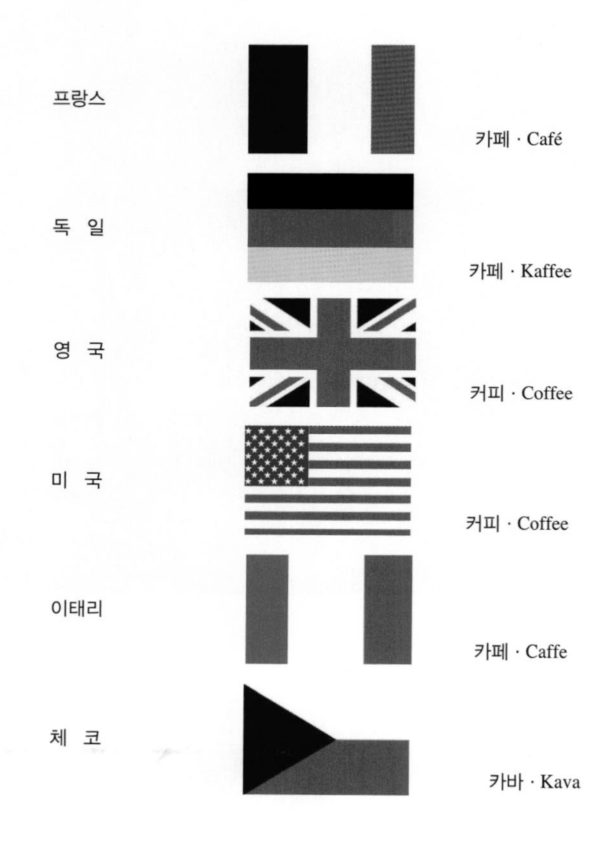

커피는 프랑스에서는 '카페', 미국에서는 '커피', 일본에서는 '고히' 라고 불린다. 그렇다면 카페나 커피가 나올 수 있었던 그 어원은 과연 무엇일까?

커피(Coffee)라는 말의 뿌리는 에티오피아의 카파(Caffa)라는 말에서 찾을 수 있다. 카파란 '힘' 을 뜻하는 아랍어로 에티오피아에서 커피나무가 야생하는 곳의 지명이기도 하다. 이 말은 '힘과 정열' 을 뜻하는 희랍어 'kaweh' 와 통한다. 그리고 카파가 아라비아에서 'Qahwa(와인의 아랍어)' 가 되고, 터키에 건너와 '카베(kahve)' 로, 유럽에 건너가 '카페(Café)' 로 불려지고 있다. 영국에서는 처음에 '아라비아의 와인(The Wine of Arabia)' 으로 불리다가 커피가 유럽으로 전파된 지 약 10년이 지난 1650년에 블런트 경이 Coffee라고 부른 것이 계기가 되어 오늘날 전세계적으로 불리고 있다.

Coffee

커피 에티켓

커피잔을 비울 때쯤엔 분위기와 다르게 잔을 휘 둘러 흔들어 마시는 장면을 우리는 흔히 보게 된다. 마치 숭늉을 마시듯이 말이다.

커피는 우리 나라에서 자연 발생한 것이 아니라 외국에서 들어온 음료이다. 로마에 가면 로마법을 따르라는 말처럼 가능하면 전파되어 온 문화를 제대로 알고 익히는 것이 좋다.

우리는 가끔 갓 내온 커피를 한 모금 마시기에도 뜨거워 후루룩 불어 마시는 광경을 보게 된다. 이러한 행동은 자기도 모르는 사이에 벌어지는 일이며, 보는 사람도 크게 인식하지 못하고 넘어가는 경우가 많지만 약간 식기를 기다린 뒤에 마시는 여유를 가질 필요가 있다.

커피를 마실 때 필요한 도구는 잔과 잔받침, 그리고 티스푼이다. 스푼은 커피에 설탕을 넣거나 커피 크리머를 넣고 저을 때 필요한 것이다. 이것으로 커피를 떠먹어서는 안 된다.

또 제사상의 밥에 숟가락을 꽂아 놓듯이, 스푼을 컵에 세워 두지 말아야 한다. 팔을 움직이다가 스푼을 건드려 커피를 쏟을 염려가 있기 때문이다.

그리고 잔을 들고 마실 때에도 두 손으로 컵을 감싸고 마시는 것도 좋지 않다. 또한 새끼손가락이 다른 손가락과 떨어져 삐죽 서는 것도 보기에 좋지 않다. 특히 새끼손가락은 컵의 균형을 맞추는 데 도움이 되므로 꼭 붙여 잡도록 한다.

Coffee

반발 부른 커피하우스 폐쇄

터키의 어느 고을 태수가 자기 집의 평평한 지붕에 서서, 멀리 어둠 속에서 별처럼 반짝이는 커피하우스의 불빛을 보고는, 마침내 온갖 소란과 헛소문 그리고 모욕적인 팸플릿의 진원지라 생각한 커피하우스에 폐쇄령을 내렸다.
그런데 이 포고문이 나붙자 이곳저곳에서 폭동이 잇달아 터졌다.
그래서 결국 터키 황제는 그 지방 태수에게 폐쇄령을 철회하도록 명령하였다. 황제는 오히려 커피야말로 이슬람의 정치생활에 필요불가결한 요소로 인식하였던 것이다.

Coffee

세례받은 커피

커피에 세례를 준 교황은 클레맨트 8세이다. 유럽에서는 초기에 커피가 이교도의 음료라고 거부되었으나, 그가 이교도만 즐기기에는 너무 훌륭한 음료라고 하여 커피에 세례를 줌으로써 기독교인도 마실 수 있는 음료로 만들었다.

까 페

'무우랑 아 까페' 라는 생활도구가 있다. 까페알을 갈아서 가루로 만드는 일종의 맷돌이다. 공장에서 가루로 만들어서 생철통이나 봉지에 넣어서 파는 것도 있으나 빠리에서는 이것을 좋아하지 않는다. 그런기에 모두들 알까페를 사다가 제집에서 갈아서 먹는다. 까페를 가는 무우랑도 가지가지가 있어서 전기 무우랑이면 편리하다. 그러나 무릎 위에 놓거나 끼고 손으로 달달 가는 이 고풍한 무우랑을 나는 사랑한다.
빠리의 부엌살림으로 내가 좋아하는 것은 술병마개 빼는 도구, 과실을 짜는 도구, 까페 가는 무우랑들인데, 그 중에서도 이 무우랑이 제일 마음에 들어 모양이 재미난 것 서너 가지를 사다 두고 때에 따라 이것저것 쓰는 것으로 조그만 취미가 되었다.
윤기가 반질반질한 까페알을 제손으로 달달 갈아서 금시에 내먹는 까페의 신선한 향기와 그 맛이란 다방의 그것과는 다르다.
아침에 일어나 무우랑을 들고 나와 사박사박한 까페알을 갈고 있으면 마음이 평화로와진다. 마치 서예가가 먹을 갈며 상념하듯이 무우랑을 달달 갈고 있으면 마음이 고요해진다. 아침 까페잔은 대접에 가깝도록 크다. 아침 까페는 아침 식사이기 때문이다.
막걸리 같은 진한 목장우유에 겸게 낸 까페를 반반씩 해서 한 대접을 마시는 이 까페올레를 나는 잊을 수가 없다.

이 작품은 프랑스에 유학중이던 화가 김환기가
1960년 10월에 쓴 커피 예찬론이다.
본문 속의 '까페' 는
불어 Café를 그대로 적은 것으로 커피를 뜻하고,
'무우랑 아 까페(Moulin a Café)' 는
커피원두를 가는 분쇄기구이다.

Coffee

커피는 하루에 어느 정도 마시는 게 적당할까?

에티오피아에서 발견된 커피가 세계 각지로 전파된 지 약 900년이 지난 지금, 전세계에서 커피를 마시지 않는 나라는 거의 없다. 커피가 이처럼 모든 이들의 미각을 만족시키는 것은 가공방법에 따라 그 맛이 달라지는 커피 본래의 특성 때문일 것이다. 사실 커피는 마시는 사람에 따라 반응도 가지각색인데, 이는 바로 커피 속에 들어 있는 카페인 때문이다.

일반적으로 중독성 물질인 카페인은 인체에 해로운 영향을 준다고 알려져 있다. 그러나 이는 습관적으로 많이 섭취했을 때의 나타나는 결과이며, 적당한 섭취는 우리 몸의 신진대사를 원활하게 해주기도 한다. 커피는 잠을 쫓는 각성 효과 외에 학습능력 향상, 다이어트, 운동능력 제고, 숙취방지 및 해소, 입냄새 제거, 동맥경화 억제 등에 효과가 있다.

이와 같은 효과 때문에 의례적으로 커피를 마시는 사람에게는 부분적이지만 습관성이 생기기도 하는데, 이것이 커피의 가장 큰 부정적 측면이기도 하다. 즉 지나치게 커피를 많이 마시면 과민증, 신경질 및 불안감, 두통, 불면증을 일으킨다. 특히 담배를 피우는 사람의 경우 고혈압을 일으키기도 한다. 또 하루 5잔 이상 커피를 마시는 남성은 커피를 마시지 않은 사람에 비해 심장마비가 3배나 높았다고 한다.

보통 카페인이 체내에 들어가 1시간 가량 지나면 섭취된 카페인의 20퍼센트가 분해되고, 3~7시간 후에는 반 정도가 요산으로 분해된다. 카페인의 반감기는 체질에 따라 2시간에서 12시간까지 차이가 난다고 하는데, 나이가 많을수록 카페인의 효과가 지속되며 임산부와 피임약을 복용하는 여성, 간질환자 등도 카페인 분해시간이 길어진다고 한다.

카페인 치사량은 대략 10그램으로, 이를 커피로 환산하면 100잔 내지 120잔을 일시에 마시는 양이 된다. 하지만 이는 결코 불가능한 일이며 앞서 언급했듯이 삶의 자극제로 커피를 마실 경우 하루 2~3잔 정도가 좋을 것이다. 성인의 경우 이상적인 카페인 섭취는 하루 300밀리그램 정도로, 이는 커피 종류(아라비카에 비해 로브스타 종은 카페인 함량이 더 높다)에 따라 다르지만 대략 3잔에 해당된다.

Coffee

신비의 약

13세기 말부터 아라비아를 중심으로 한 이슬람교 국가에서 처음으로 커피원두를 볶아 쓰기 시작하였다고 전해진다. 당시 아라비아에서 커피라고 하는 음료는 하루하루를 엄격한 계율을 따르며 생활해야 하는 이슬람교도에게 유일한 위안거리였다. 그렇기 때문에 커피는 자기들만이 즐기는 신비의 약으로 아주 오랫동안 간직하다가 나중에야 일반대중에게 공개하였다.

Coffee

최초의 커피하우스

1554년 현재의 이스탄불인 콘스탄티노플에 최초의 커피하우스가 생겼다. 지식인들이 많이 드나들었기 때문에 '지혜로운 곳'이라고 불리기도 했던 커피하우스는 음악을 듣거나 체스를 두고 토론을 하는 장소였다. 외국인들과 친해지기 위해 오는 사람도 있었다. 유럽 최초의 커피하우스는 1645년 베니스에서 개점했다. 비엔나의 커피점은 1687년 군인이었던 게오르그 콜시츠키가 처음 세웠다. 그는 비엔나를 점령하고 있던 터키군이 후퇴하면서 남기고 간 커피 500포대를 받아 커피를 추출했다. 또한 그는 커피를 낼 때 터키군을 물리친 기념으로 이슬람 제국의 상징인 초승달 모양의 케이크를 만들어 손님에게 접대했다. 이것이 관습이 되어 오늘날에도 중부 유럽에서는 커피와 함께 케이크 또는 달콤하게 가공된 고기를 곁들어 먹기도 한다.

Coffee

이상의 다방 편력

이상(李箱)은 무려 네 번이나 다방을 열고 닫았던 문학가이다. 종로 네거리의 신신백화점 위에 있던 제비다방, 인사동에 낸 쓰루(鶴 : 학을 뜻하는 일본말), 문 열기 2~3일 전에 취소된 *69*다방, 명동의 무기(麥 : 보리를 뜻하는 일본말)다방이 그가 탄생시킨 곳이다.

그가 처음 시작한 제비다방은 동거하는 기생 금홍이와 함께 경영하던 서울의 명물이었다. 하지만 1935년 9월에 문을 닫고 만다. 왜냐하면 돈이 없어 차를 구비해 놓지 못했고 손님이 없어 장사가 되지 않아, 결국 다방의 월세가 밀린 까닭으로 집주인에게 쫓겨나고 말았기 때문이다. 그리고 나서 다시 인사동에 쓰루다방을 냈지만 얼마 가지 못하였고, 또 네번째의 무기다방도 곧 간판을 내렸다. 한편 세번째 시도한 *69*다방은 문을 열어보지도 못하는 비운을 맞았으니.

인사동에서 광교로 건너온 이상은 *69*다방을 낼 준비를 하고 있었다. 이미 종로 경찰서의 허가를 받은 상태, 그래서 식스 나인이라 쓰고 *69*의 도안을 그린 간판을 걸어 두었다. 그런데 다방을 열기 2~3일 전 종로경찰서의 호출 명령을 받고 가보니 경찰은 다방 허가를 취소한다는 것이었다. 이유인 즉슨 풍기문란죄.

식스 나인이란 말은 아주 선정적이어서 당시 풍기문란죄에 걸리는 말이었지만, 경찰은 이러한 뜻을 알지 못하고 처음에 허가를 내주었다가 어느 시민의 항의를 받고 뒷북을 쳤던 것. 간판을 버젓이 내걸고 날짜만을 기다리는데, 이것을 보고 말 뜻을 아는 사람은 속에서 비집고 나오려는 웃음을 참지 못하고, 모르는 사람은 그저 지나칠 뿐이었다. 그러다가 어떤 시민이 '이렇게 풍기문란한 다방 이름을 어떻게 허가할 수 있느냐'는 항의를 듣고 뒤늦게 금지시켰다고 한다. 이때 이상은 속으로 '이놈들' 하고 비웃으며 경찰 골린 일을 재미있어 했다는데. 그 뒤로는 종로경찰서 관내에서 영업허가를 얻을 수 없게 되어 명동으로 진출, 그때 낸 다방이 무기이다.

커피 세러모니

당시 파리에서 치뤄진 커피의식은 터키식을 따랐다.
터키에서 커피는 오랜 역사를 거치면서 단순히 기호음료로서가 아니라 종교적인 의미를 띠기 때문에 아주 장엄한 의식과 함께 커피를 마셨다.
신분이 높고 부유한 사람은 자기 집에 작은 공간을 마련하고 그곳에서 의식에 참가할 손님을 대접한다.
주인은 시작하기 전 일찍부터 커피원두를 준비하고 한 알 한 알 맛을 보아 선별한 뒤 불을 지펴 놓고 손님을 안으로 불러들인다.
손님은 지위와 신분에 따라 정해진 서열이 있어 차례로 들어온다. 커피의식이 치뤄지는 공간은 입구가 아주 작아 무릎을 꿇지 않으면 안에 들어갈 수 없게 되어 있다. 먼저 입구에서 무릎 꿇고 알라신에게 기도를 올린 다음 무릎걸음으로 들어온다.
좌석은 서열에 맞춰 빙 둘러 앉는다. 서로 친목을 다진다는 의미에서 큰 용기에 담은 커피를 돌아가며 한모금씩 마신다.
담배도 커피와 똑같이 파이프를 돌려가면서 핀다. 그동안에 대추야자 튀김이나 짠맛 나는 음식이 나온다.

고종과 커피

우리나라에 커피가 처음 들어온 것은 구한말이었는데, 시대적 분위기 탓인지 커피에 대한 인식이 그리 좋지 않았다. 여기에 더욱 쐐기를 박은 사건이 있었는데 이름하여 고종 독극물 사건이다.

아관파천 당시 고종은 처음으로 세자이던 순종과 함께 커피를 즐겼다 한다. 그 후 덕수궁으로 환궁한 뒤에도 커피맛을 잊지 못하고 계속 즐겼는데, 이것을 안 역도 김홍륙이 고종에게 앙심을 품어 숙수(주방에서 음식을 만드는 사람)를 매수하여 임금과 세자의 커피에다 독을 넣게 했다. 다행히 고종은 입에 넣었던 독차를 뱉어 버렸으나, 세자인 순종은 한 모금을 마셔 그것이 유약 체질의 원인이 되고 말았다고 한다.

커피와 어울리는 음식

정찬 코스의 후식 음료

식사음료의 대표적인 것은 서양요리의 정찬 코스에서 마지막에 나오는 데미타스 커피(Demitasse Coffee)이다. 서양인들의 체질은 주식이 육류와 유지를 위주로 하여 만든 음식이기 때문에 산성화되기 쉽다. 그래서 그들은 알칼리성 식품인 커피를 마심으로써 체액을 중성으로 만들어 건강을 유지하는 지혜를 발휘하였다.

정찬 코스에서 제공되는 데미타스 커피는 아침에 마시는 커피보다 두 배 정도 진한 것이 보통이다. 그리고 먹는 사람의 기호에 따라 다르겠지만, 보통은 우유나 크림, 설탕 등 아무것도 넣지 않고 마시는 경우가 많다.

최근 우리나라 식생활에서도 서양요리가 차지하는 비중이 높아지고, 또 생활수준이 향상된 덕분에 육류의 소비량이 차츰 늘고 있다. 그에 따라 자연스럽게 커피를 마시는 사람도 늘었다.

또한 커피는 아침 · 점심 · 저녁의 식사음료 뿐만 아니라 기호 음료로서의 역할을 하고 있다.

커피와 빵이 있는 풍경

커피는 육류 음식뿐만 아니라 빵 · 과자에 곁들여 마셔도 좋은 음료이다. 최근 빵을

아침 식사대용으로 삼는 젊은이들이 늘고 있다는 통계자료가 발표된 바 있는데, 여기에서 보면 빵과 함께 마시는 음료로 32% 가량이 커피를 마신다고 답변하였다.

이 결과는 단맛이 적고 소금기가 많은 담백한 빵, 버터향이 짙은 빵 또는 단맛이 강한 빵 모두 나름대로 커피와 잘 어울리기 때문이다.

그 이유를 커피가 변천되어 온 모습에서 살펴보면, 처음에는 사람들이 아무것도 넣지 않은 순수한 커피액만을 마셨다. 그러다가 차츰 주위에 있는 조미료 중에서 버터나 소금, 더 나아가 설탕을 첨가하여 커피 맛을 즐기게 되었다. 그리고 현재, 커피 부재료의 범위는 여기서 그치지 않고 우유나 생크림 같은 유제품을 비롯하여 양주, 레몬이나 오렌지, 아몬드나 아마레토 또는 초콜릿에 이르기까지 다양한 재료로써 색다른 커피의 맛을 즐기고 있다.

한때 우리나라에서 '소금 탄 커피'라는 우스갯소리가 유행한 적이 있어 커피와 소금이 전혀 어울리지 않는 것 같지만, 소금이 첨가된 담백한 빵이나 버터 향이 짙은 빵은 커피와 잘 어울렸던 음식이었다.

그밖에 샌드위치, 토스트, 조리빵 등도 커피와 잘 어울린다. 빵맛과 야채 충전물의 맛이 한데 어우러지고 여기에 커피의 그윽한 맛이 더없이 잘 어울리기 때문이다.

커피의 본고장이라고 할 수 있는 유럽 각국과 세계에서 커피를 가장 많이 소비하고 있는 미국에는 '커피 타임'과 '커피 브레이크'라는 말이 있다. 하루 중 오전 10시, 오후 3시에서 5시 사이에 커피 타임을 두어, 짧은 시간 동안 커피에 간식으로서 빵이나 과자를 곁들여 먹으면서 가족끼리 혹은 주위의 동료, 친구들과 함께 이야기를 나누고 또 휴식을 즐긴다. 커피 브레이크란 바로 이때 커피와 함께 먹는 빵·과자를 통틀어 가르키는 말이다. 커피와 함께 먹는 빵의 종류로는 커피 케이크, 브리오슈, 크루아상 등이고, 과자로는 퍼프 페이스트리, 파이, 파운드 케이크, 쿠키 등이 주로 애용되고 있다.

이 중 커피 케이크는 이름만 들으면 커피가 함유된 케이크로 알기 쉬운데, 사실은 커피를 마실 때 같이 먹는 스위트 롤로서, 미국에서 아침 식사나 커피 타임에 즐겨 먹는 단과자빵이다. 브리오슈는 버터와 계란을 듬뿍 배합하여 맛과 영양이 우수한 빵이다. 더욱이 모양이 귀엽고 탐스러운 눈사람과 같아서 먹는 맛과 보는 맛이 한꺼번에 충족된다. 크루아상은 오스트리아 지역에서 유래하였으며 초승달 모양을 닮은 빵이다.

일찍이 오스트리아에는 뿔 모양의 킵펠(Kipfel)이라는 빵이 만들어졌는데, 이에 대한 기록을 남긴 당시 책들에서도 커피와 함께 먹는 빵으로 전해지고 있다.

단맛 진한 과자에 블랙커피

커피와 함께 먹는 음식은 빵뿐만이 아니다. 생크림 케이크, 가벼운 스펀지 케이크, 무스 등도 커피에 잘 어울린다. 따뜻한 커피와 차가운 크림의 만남, 검은 커피와 하얀 우유의 만남이 멋진 조화를 이루어 커피 맛을 더욱 돋운다. 특히 단맛이 강한 프티푸르나 거품 상태로 가볍고 부드러운 무스는 블랙커피 또는 진한 에스프레소 커피와 잘 어울린다. 뿐만 아니라 생크림 케이크나 스펀지 케이크 등은 계란과 유지방이 풍부한 영양가 높은 음식이기에 권장할 만하다.

한편, 반가운 친구를 만났다든가 갑작스레 손님이 찾아왔을 때, 간단하면서도 만남의 멋을 살릴 수 있는 메뉴가 커피와 쿠키이다. 바삭바삭한 비스킷이나 쿠키에는 우유나 크림을 곁들인 비엔나 커피 또는 카푸치노를 곁들이면 금상첨화일 것이다.

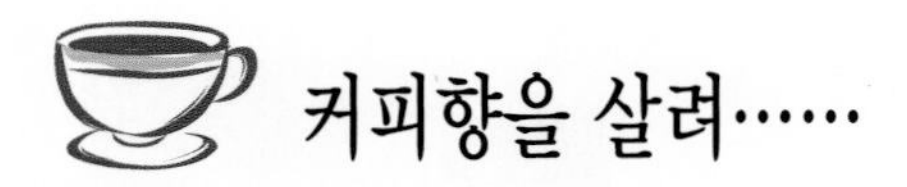

커피향을 살려……

카푸치노 팬케이크

아침식사용. 계피가 들어간 부드러운 팬케이크에 커피 시럽을 끼얹어 먹는다. 블루베리, 바나나 썬 것, 피칸, 초콜릿칩과 함께 먹으면 더욱 맛있다.

아이리시 커피머핀

아침식사용. 촉촉하고 맛이 좋아 몇개고 먹게 된다. 초콜릿칩을 넣으면 씹히는 맛도 즐길 수 있다.

에스프레소 커피와 브랜디를 끼얹은 체리

후식용. 잘 익은 체리의 신선하고 달콤한 맛과 에스프레소, 브랜디의 톡 쏘는 향이 잘 어울린다.

커피와 생강이 들어간 쿠키

버터가 많이 든 이 미묘한 맛의 쿠키는 와인이나 에스프레소, 커피에 곁들여 먹으면 좋다.

카푸치노 파운드케이크

커피와 계피의 맛이 어우러진, 입 안에서 살살 녹는 파운드케이크이다.

리코타 커피 타르트

커피향이 나는 이탈리아식 파이의 일종으로 달지 않아 간식이나 디저트로 좋다.

커피 커스터드 아이스크림

풍부한 맛의 이 아이스크림은 원래 조금씩만 먹는 것이다. 뜨거운 에스프레소 커피와 같이 먹으면 맛을 더욱 정확하게 느낄 수 있다.

정신을 맑게 하고 다이어트에도 효과 있는 카페인

건강에 관심있는 사람들은 커피를 피해야 할 음료로 이야기한다. 처음 서구에서도 커피를 단순한 기호음료로 여겼지만, 카페인의 효과가 발견되면서 커피에 대한 열띤 토론이 시작되었다.

그러나 수많은 병에 효험이 있는 마력의 음료로도 생각되었던 커피이다.

> "커피는 소화를 촉진하고 배앓이에 효력이 있으며 가스찬 배를 치유한다. 두통을 누그러뜨리고 활기를 되찾아주며, 권태로운 상태에서 벗어나는 데 도움을 준다. 또 쉽게 피곤을 느끼는 사람의 원기를 회복시키는데 놀라운 효력을 발휘하며, 공부하는 사람이나 오래 앉아서 일하는 사람의 기분전환에도 큰 도움이 된다. 커피 그 자체만으로도 기분을 좋게 하고 기운을 돋우므로 습관적인 음용은 절주에 매우 효과적이다. 알코올의 유혹을 물리치는데 이보다 강력한 힘을 발휘하는 대체음료는 없을 것이다. 힘든 노동을 할 때에도 가벼운 술을 마시기 보다는 한 잔의 커피를 마시면 훨씬 도움이 된다."

이처럼 커피 예찬론이 있는가 하면 예찬론 만큼이나 많은 반대론도 있다. 커피는 신경질적으로 초조함, 경련, 그리고 남성 무기력의 원인이 된다는 비난도 받아왔다. 커피가 특별히 남성에게 미치는 영향에 대해서는 1674년 영국에서 발표된 '커피에 대한 여성의 탄원서' 라는 보고서가 있다. 커피가 남성의 활력을 저해한다는 이 보고서의 결론은 과학적으로 검증된 것이 아니라 커피하우스에 오랜 시간 남편을 빼앗긴 부인들의 불만이 섞인 것이지만, 이 보고서가 간행되자 영국은 차(茶)의 나라가 되었다고 한다.

그러나 또 한편의 이야기가 있다. 커피에 대한 공방을 종결시킬 목적으로 스웨덴 국왕 구스타프 3세는 18세기 후반 색다른 실험을 했다고 한다. 마침 살인죄로 사형을 선고받은 두 일란성 쌍생아가 있어 그들을 커피의 유해여부를 밝히는 실험대상으로 삼기로 하고 국왕은 특별 사면령을 내렸다. 사형을 사면받은 그들은 죽을 때까지 한 사람은 많은 양의 차를 마셔야 하고, 다른 한 사람은 같은 양의 커피를 마셔야 한다는 조건을 충실히 이행하여야 했다. 결과는 차를 마신 아우가 먼저 죽고 형은 83세라는 노령으로 죽었다. 그후로 스웨덴은 커피를 마시는 나라가 되었다고 한다.

커피에 대한 과학적인 근거 하에 설명을 하면, 커피의 원두에는 수분, 단백질, 탄수화물, 지방, 무기질, 유기산, 카페인 등이 들어 있으며 품종, 토양, 취급 방법에 따라 각각의 함유량이 달라진다. 원두의 단백질, 탄수화물, 지방, 유기산은 볶는 동안 높은 열을 받아 커피의 향과 맛을 내는 알코올, 알데히드, 케톤, 에스테르, 질소화합물, 카페올 등 각종 휘발성 물질로 변한다. 당은 또 캐러멜화 반응을 일으켜 물에 잘 녹는 갈색의 물질로 변한다. 이 물질은 커피의 쓴맛을 내고 반응하지 않는 당은 단맛을 낸다. 커피에 들어 있는 카페인은 냄새가 없고 쓴맛을 내는 흰 분말로 물에 잘 녹는다. 카페인은 신체에 활기를 불어넣는 자극제이며 약간의 이뇨작용을 하고 지방을 분해하는 등의 각종 대사작용을 활발하게 해준다. 천식에도 효과가 있는데, 카페인의 자극이 기관의 점액성 분비물을 마르게 하고 혈관을 수축시키기 때문이다. 카페인은 화학적으로 차잎에 들어 있는 테오필린과 유사한데, 이 약은 기침을 치료하는 데 쓰인다. 또한 카페인은 고통스러운 편두통을 해소하는 데도 도움을 준다.

이러한 긍정적인 측면에도 불구하고 의사들은 환자에게 커피를 끊으라고 권하기도 한다. 실제로 카페인은 궤양과 관계가 있으며, 한두 잔의 커피에 들어 있는 카페인이 기형과 암의 원인이 되지는 않는다는 실험 결과는 이미 발표되었으나, 많은 양의 카페인을 섭취할 경우에 대한 실험은 아직 계속되고 있다. 카페인은 세포막 투과성이 좋아 조직세포와 태반, 태아에까지 쉽게 침투할 수 있으므로 임산부는 하루에 한두 잔 정도만 마실 것을 권한다.

물론 사람마다 카페인에 대한 민감도는 다르다. 어떤 사람은 진한 더블 에스프레소를 마시고도 바로 잠들 수 있는가 하면, 어떤 사람은 아침에 우유를 듬뿍 넣은 카페오레 한 잔을 마시고도 심장이 뛴다고 한다. 흔히 진하고 쓴 커피에 카페인이 많이 들어 있다고 생각하는데, 이것은 잘못이다. 커피를 끓이는 방법 가운데 에스프레소 식이 카페인 함량이 가장 적은데, 그 이유는 사용하는 물의 양이 많지 않고 커피와 뜨거운 물이 닿는 시간이 30초 정도로 짧기 때문이다. 커피를 볶을 때도 에스프레소나 진하게 볶은 원두보다 약간 덜 볶은 원두에 카페인이 더 많이 들어 있다. 원두를 볶는 동안 카페인이 공기 중으로 날아가기 때문이다. 카페인의 양은 원두의 종류에 따라서도 다른데, 로브스타 종의 원두는 아라비카 종의 두 배에 해당하는 카페인을 함유한다.

인스턴트 커피에는 레귤러 커피보다 두 배 이상의 카페인이 들어 있는데, 그 이유는 인스턴트 커피를 제조할 때 로브스타 종을 많이 사용하고 고온 고압에서 3~4시간 정도 추출하기 때문이다.

그렇다면 하루 몇 잔 정도의 커피가 적당할까? 우리가 마시는 커피 한 잔에는 약 40~108mg의 카페인이 들어 있는데, 보통 하루 5~6잔 정도의 커피는 신체에 별다른 영향을 끼치지 않는다. 단지 과다섭취자의 경우 단시간(30분)에 많은 양의 커피를 계속적으로 마시면 카페니즘(불안, 초조, 불면, 두통, 설사)의 현상이 나타날 수 있다. 일반적으로 사람에 따라 카페인의 분해속도가 다르므로 자신이 몇 잔 정도를 마셨을 때 가장 상쾌한 기분이 되는지 스스로 판단하고 자신의 양을 조절하는 것이 좋다.

건강한 성인 남자의 경우 6시간이 지나면 섭취한 카페인의 반 정도가 분해된다. 그러나 담배를 피우거나 다른 약을 복용하는 경우에는 카페인이 몸 안에 머무는 시간이 더욱 길어지며, 어린이나 간이 심하게 손상된 사람의 경우 3~4일 정도 남아 있기도 한다. 유난히 카페인에 민감하거나 심장, 위장 등에 문제가 있는 사람은 카페인을 제거한 커피를 마시는 것이 좋다. 카페인 제거 커피를 처음 만들어낸 사람은 독일의 루드비히 로셀리우스인데, 그는 1900년경 카페인이 건강에 나쁜 영향을 줄 수도 있다고 생각하고 카페인의 제거방법을 연구했다.

카페인을 제거하는 공정은 원두를 볶기 전에 이루어지는데, 이 과정을 통해 약 97퍼센트의 카페인이 제거된다. 카페인 제거방법 중에는 1970년 독일의 GF-HAG 사에서 상용화한 초임계 탄산가스 추출법이 가장 현대화된 방법인데, 그 원리를 소개하면 다음과 같다.

탄산가스를 고압으로 액화시켜 카페인에 대한 용해성을 갖게 한 후, 이를 다른 용매와 마찬가지로 커피원두와 접촉시켜 커피 중에 포함되어 있는 카페인을 제거하는 것이다. 커피원두의 전체 처리방법은 다른 용매추출법과 비슷하여 원두의 차프(Chaff)와 먼지를 제거한 후 증기를 쏘이고(Steaming) 수분을 보충하여(Watering) 커피원두의 수분함량을 30~50%까지 증가시킨다. 수분이 증가된 원두는 추출칼럼에 충전되고, 이 칼럼에 액화탄산가스가 유입되어 원두에 함유된 카페인을 추출한다. 추출된 카페인은 활성탄산칼럼을 통과하는 동안 활성탄에 남게 되고 순수한 액화탄산가스만 추출칼럼으로 재순환되는 방식으로 카페인의 추출이 이루어진다. 탄산가스의 비활성화로 인하여 다른 카페인 제거방법에 비해 탈 카페인 원두의 품질이 뛰어나고 처리된 원두에 잔류하는 용매는 없다는 큰 이점이 있으나, 액화탄산가스를 이용하는 관계로 고압의 비싼 설비가 요구되는 것이 단점이다.

지은이 소개

원 융 희

현재 용인대학교 관광학과 교수로 재직하고 있다. 경기대학교 관광경영학과를 졸업(학사)한 뒤 경희대학교 경영대학원 관광경영학과를 수료(석사)하고, 세종대학교 대학원(경영학과)에서 관광경영 전공으로 경영학 박사학위를 받았다. 최근의 저서로는 『술 진정한 동반자인가 악마인가』, 『문화마케팅』, 『서비스 에티켓』, 『서비스 리더의 법칙』 등이 있으며 서비스, 호텔경영, 식음료, 실버산업, 그리고 병원경영학 관련 서적에 이르기까지 더욱 품격 있고 가치 있는 글을 찾기 위해 다방면의 저술 활동에 혼신을 다하고 있다.

박 정 리

현재 Serving it Right / Food Safe Vancouver, BC Certificate와 WHMIS Program(Art Institute of Vancouver Culinary School) Certificate를 수료하고, AI(Art Institute of Vancouver) Culinary School / Advanced Diploma of Culinary Arts & Restaurant Ownership 과정 중에 있다.
세종대학교 대학원 생활과학과에서 조리학 전공으로 이학석사를 받은 뒤, 동 대학원 조리외식산업학과에서 조리외식학 박사학위를 취득하였다.
현장경험으로는 (주)아워홈, 베넥스 싱카이(Xingkai Chinese Restaurant)에서 근무한 바 있으며, 세종대학교, 충청대학 등에서 강의를 하였다. 저서로는 『글로벌 에티켓 365일』, 『히트메뉴로 승부하라』를 공저하였다.

영혼의 향기 Coffee

2010년 4월 20일 초판 1쇄 인쇄
2010년 4월 25일 초판 1쇄 발행

지은이 원융희 · 박정리

발행인 (寅製) 진 욱 상

발행처 백산출판사

서울시 성북구 정릉3동 653-40
등록 : 1974. 1. 9. 제1-72호
전화 : 914-1621, 917-6240
FAX : 912-4438
http://www.ibaeksan.kr
edit@ibaeksan.kr

값 17,000원
ISBN 978-89-6183-312-7